ちくま新書

ダイオウイ

クジラ

——図説・深海の怪物たち

北村雄一
Kitamura Yuichi

1566

ダイオウイカvs.マッコウクジラ――図説・深海の怪物たち【目次】

まえがき

　奇妙な姿をした数々の深海生物。奇怪なれど美しいその姿は、分厚い水に閉ざされて手が届かなかった。しかし2000年代以後、機械の発達で深海生物の写真撮影が可能となる。美しい深海生物の写真で本をつくる。これには需要があって、つくれば売れた。実際、私がそうしてかつてつくった深海本はそこそこ売れたのだ。売れるとわかれば皆が同じものをつくって売るし、実際、類書が多く出た。人はそれをパクリと言うが、いやいや、これこそが経済学者シュンペーターの言うイノベーションである。

　イノベーション理論とは新商品がパクリを生み出し、金の流れをつくって好景気を作り出す、その過程を解説した理論であった。そして結果も示した。たくさんつくれば値崩れが起こり、利潤を生み出せない投資は、今や重しとなって景気を低迷させる。つまりは不況。珍奇とパクリと投資と景気と不景気の循環。これが深海生物本にも起こった。しかも、数少なかった画像はすぐに使い尽くされてネタがなくなり、深海バブルは終わりをつげたのである。

とはいえ、画像にこだわるから尽きるだけで、ネタ自体はいくらでもある。たとえば深海生物の眼。これだけで本が一冊以上書ける。チョウチンアンコウだけで一冊本を書くこともできる。あるいは伝説のオオウミヘビで本を書くこともできた。

今回、私が書いたこの本はオオウミヘビをテーマにしている。少なくとも本の3分の1はそうだ。100年以上前の19世紀。海で奇妙な怪物を目撃した報告が相次いだ。それは人間が知る既知の海洋生物ではない。見た目はヘビのようだが、しかしはるかに大きい。だからオオウミヘビ。ところが目撃談を丁寧に読むと、それらはダイオウイカとかリュウグウノツカイとか、深海大型生物の誤認であることが分かる。

オオウミヘビ伝説は消えたが、私が小学生であった1980年代はまだその名残があった。当時の子供向け怪奇本に必ず登場した怪獣御三家。ネッシー、雪男、そしてオオウミヘビ。このうち実在が確かなのはオオウミヘビだけだ。ネッシーと雪男は違う。ネッシーと雪男の目撃談は形が一定しない。彼らは実在でもないし、誤認でもなかった。ネッシーと雪男は妖怪や都市伝説の類なのである。

しかるにオオウミヘビは実在であり生物学の範疇に入る。それも深海生物の範疇に。だから今回、オオウミヘビをネタにして深海生物を語ろう。これは世界のミステリーを夢中になって読んでいた子供時代の私自身への回答であるし、同様な経験をした、かつて子供だった大人たちへの解説でもある。

とはいえだ。オオウミヘビのネタだけで一冊書くと、それはもう深海本ではなくなってしまう。だからオオウミヘビの後はチョウチンアンコウとデメニギス、ダイオウグソクムシを語る。彼らはゲームにも登場する人気深海生物だ。そして後半3分の1は生きた化石である深海生物を取り上げる。オウムガイ、コウモリダコ、シーラカンス。これで一般の皆が知る深海生物はほぼ網羅し尽くせる。

最後のシーラカンスでは、変化するものが生き残るという、ダーウィンの「名言」も解説する。この名言の正体とダーウィンの真意は、ビジネスマンにとって興味ある内容ではないだろうか。これは取ってつけた話題に見える。しかし、変化するものが生き残るという名言の正体を明らかにせぬ限り、深海魚シーラカンスの謎は理解してもらえぬだろう。なんといってもシーラカンスは変化しないまま生き延びてきた深海魚であるのだから。

さてもさても50代のサラリーマンには懐かしいネタを含めて今回、深海魚の本を書いたわけだが、この本はパクリを生み出して次なるイノベーションを引き起こせるだろうか？　景気をささやかに向上させられるだろうか？　景気高揚が急務である昨今、これが実際にできるかどうかはわからない。ともあれ、かつて子供であり、今は大人である皆さんがかつて抱いた疑問と興味。それにこの本はお答えしよう。

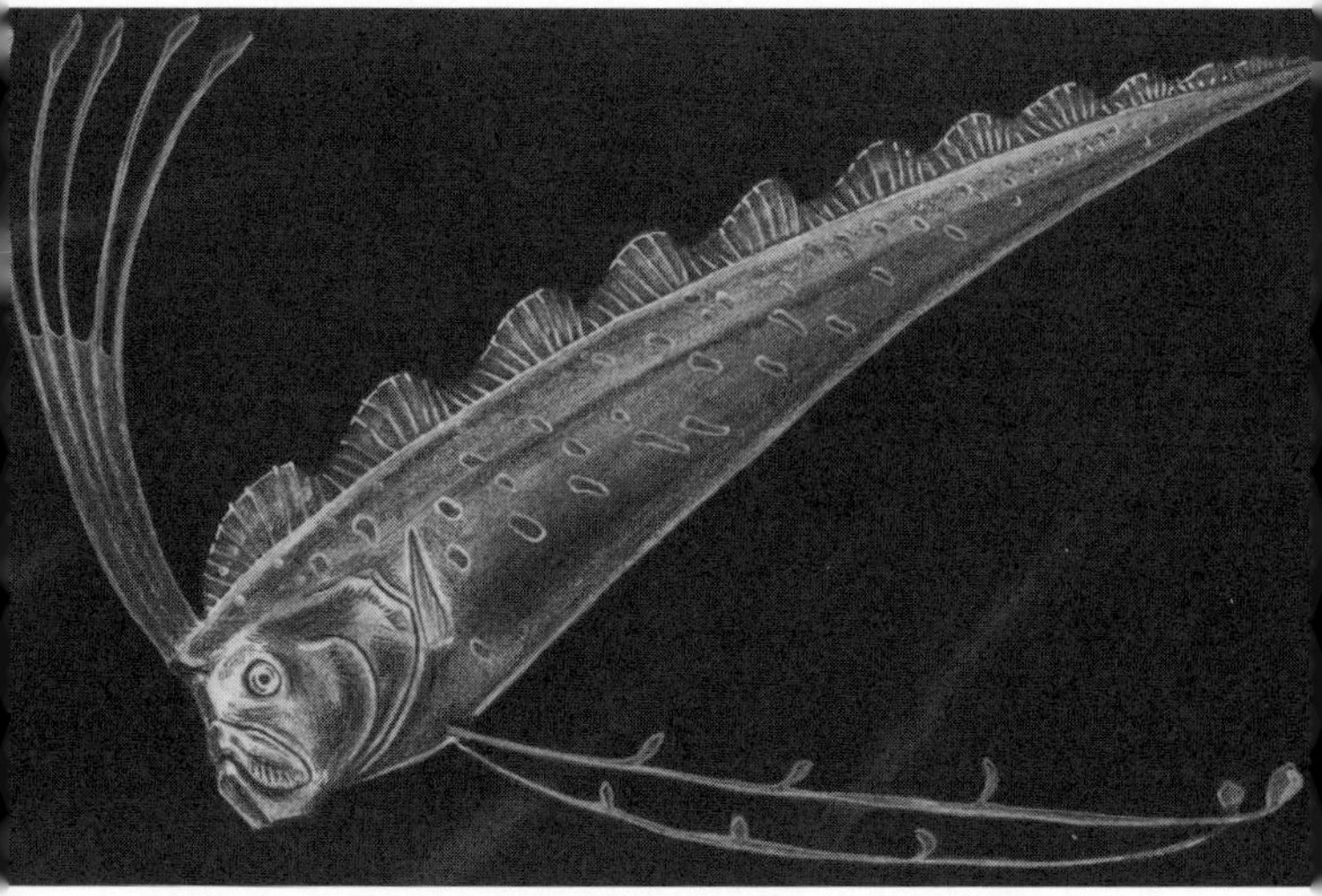

第 1 章

怪物と呼ばれた深海生物

1　ダイオウイカ――〝巨大海ヘビ〟はマッコウクジラのディナー

†怪物シーサーペント

オオウミヘビというものを知っているだろうか？　これは19世紀、盛んに目撃された海の怪物である。姿はヘビだ。しかしウミヘビではない。ウミヘビは正真正銘の実在する爬虫類であり、ヘビであり、海の中を泳いで過ごし、大きなもので1・4メートルぐらい。オオウミヘビはこれとは違う。なるほど、姿こそヘビを思わせるが体長が何メートルもある。いやもっと大きくて10メートル、いやいや私が見たのは20メートルもあったぞ。あれは怪獣だ！　そう証言された巨大な海の未確認動物のことだ。

オオウミヘビのことを英語ではシーサーペントとか、あるいはグレートシーサーペントという。グレートは巨大な、シーはもちろん英語で海のこと。しかしサーペントは英語ではない。こちらはラテン語のセルペンス（serpens）が由来だ。セルペンス（サーペント）の意味はヘビである。だからシーサーペントをそのまま訳せばウミヘビになるのだが、単語としてはちょっと違う。英語では爬虫類のウミヘビのことをシースネークと呼ぶ。こちらはシーもスネークも英語だ。

つまり海の怪物を指し示すシーサーペントとは、ただの英語ではなかった。英語にラテン語が混じったハイカラな言葉なのだ。あるいはより格調が高い単語だと言えば良いか。日本人は英語などの外来語を知ったかぶりして使いたがるが、当の英語人はそんなわけにはいかないので、拡張高く言う時にはラテン語などを使う。シーサーペントを日本人はオオウミヘビと訳してしまったので、爬虫類のウミヘビと区別がつきにくくなった。しかし、元々はスネークではなくてサーペント。我々が知るヘビではない、得体の知れない怪物という意味合いがあったのである。これこそがシーサーペントという言葉の意味であり、オオウミヘビという単語が持つ本来の意味なのであった。

海に潜む謎の怪物オオウミヘビ。この目撃談は古くは16世紀に始まり、19世紀に盛んになって、20世紀初頭に消えた。だが伝説は残った。これを書いている私が子供であった80年代にはまだオオウミヘビ伝説が残っていて、世界の怪奇を集めた本には必ず載っていた。

ヒマラヤの雪男、ネス湖のネッシー、それにならぶ伝説の怪物。それがオオウミヘビであった。さて、この怪獣の正体が深海にひそむ巨大生物ダイオウイカだと聞いたら、みなさん、どう思われるであろうか？

†ダイダロス・モンスター伝説

最も有名なオオウミヘビ伝説というと、それはダイダロス・モンスターだろう。1848年、アフリカの南端、喜望峰沖合を航海していたイギリスの軍艦ダイダロス号がオオウミヘビと遭遇した。これゆえこのオオウミヘビはダイダロスの怪物。ダイダロス・モンスターと呼ばれたのである。

当時、これを伝えたイギリスの新聞の挿絵は、軍艦の向こうで鎌首をもたげ、波をかき分けて堂々と進む巨大な蛇の姿を描いている。私も子供の頃、この挿絵を本で見た。船の甲板から怪物を見守る水兵たち。そして怪物の胴体は水兵よりも大きい！　なんと子供の恐怖と好奇心をくすぐるイラストか！　しかしこの挿絵、実はふかしなのである。艦長の証言を聞いてみよう。

「その怪物が海面の上に出していた部分は1・2メートルありました……太さは35センチ

から40センチぐらい……」

ああ、艦長、なるほど本当のオオウミヘビは挿絵よりずっと小さかったのですね。これには理由がある。当時の新聞の挿絵には証言に忠実に描いたものもあった。しかし忠実に描いた挿絵は迫力がなかった。多分、だから忘れ去られた。そして軍艦の向こうを巨大な鎌首をもたげて泳ぐ、迫力満点だけどふかしの入ったイラストが後世に残ることになったのだった。報道というのはいつだって嘘、大袈裟の方が広く行き渡るものである。さて、報道の是非はともかく、艦長が証言するダイダロス・モンスターの大きさはちょうどダイオウイカの大きさであるのは注目に値する。さらに艦長の証言を読んでいこう

「怪物は体を横にくねらせることも、縦にうねらせることもなく進んでいきました」

この証言の時点で、この怪物がヘビでないことがわかる。ヘビは体を左右にうねらせて泳ぐのだから。同じ理由でダイダロス・モンスターは魚やサメでもない。魚やサメも体を左右にうねらせて泳ぐのだから。さりとてクジラやアザラシのような哺乳類でもない。哺乳類なら体を縦にうねらせて泳ぐ。だから違う。体をくねらせることも、うねらせることもなく泳ぐ動物。そんなことができる動物で、なおかつこれほどの大きさを持つもの。そんなものは存在しない。ダイオウイカを除いては。イカは水を吸い込んで吐き出し、その

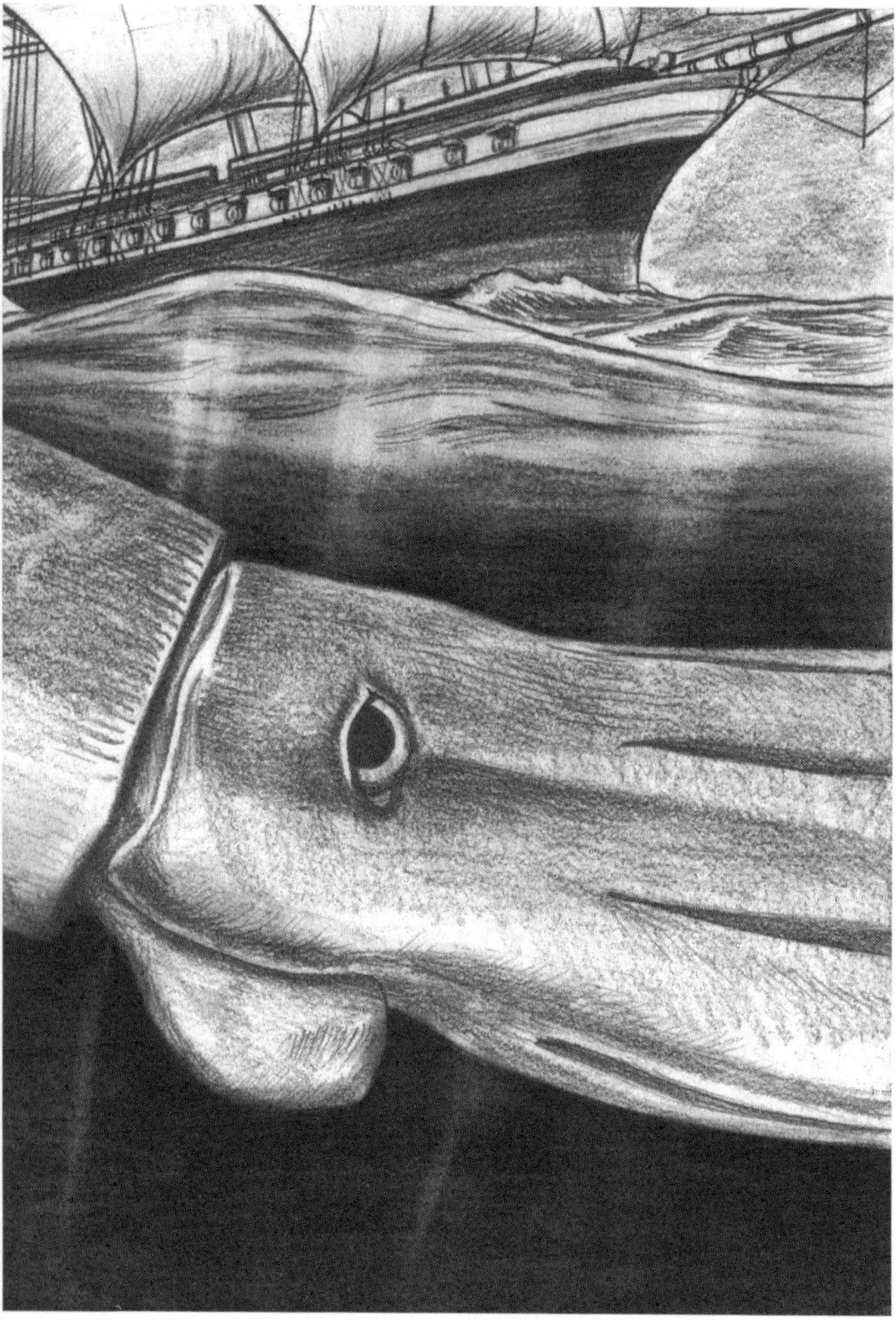

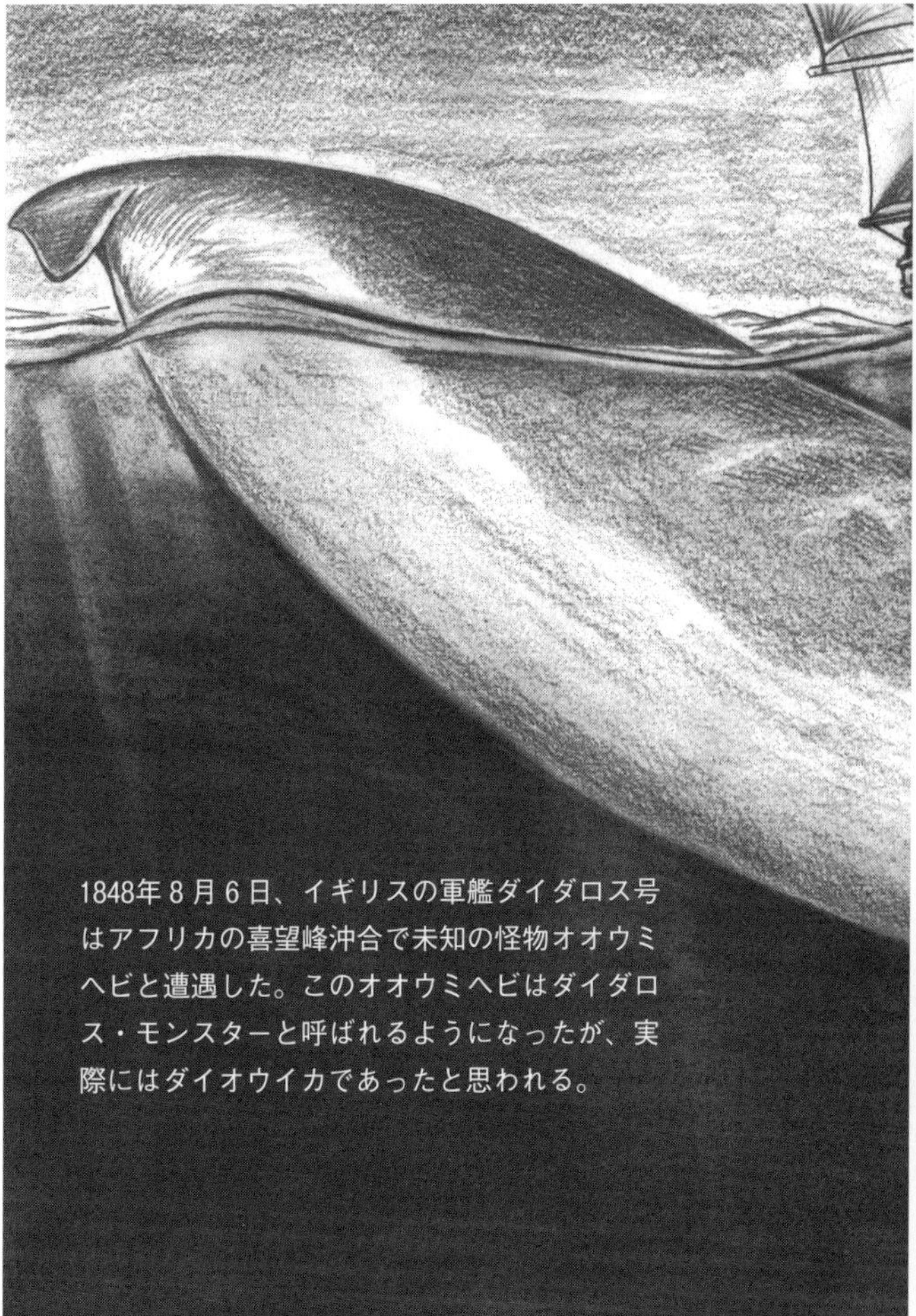

1848年８月６日、イギリスの軍艦ダイダロス号はアフリカの喜望峰沖合で未知の怪物オオウミヘビと遭遇した。このオオウミヘビはダイダロス・モンスターと呼ばれるようになったが、実際にはダイオウイカであったと思われる。

左は1848年、ダイダロス・モンスターを伝えたIllustrated London Newsに当時掲載された挿絵を模写したもの。証言よりも大きさが誇張されている。また目が描かれているが、目があったという証言はない。右は海面を泳ぐダイオウイカ。

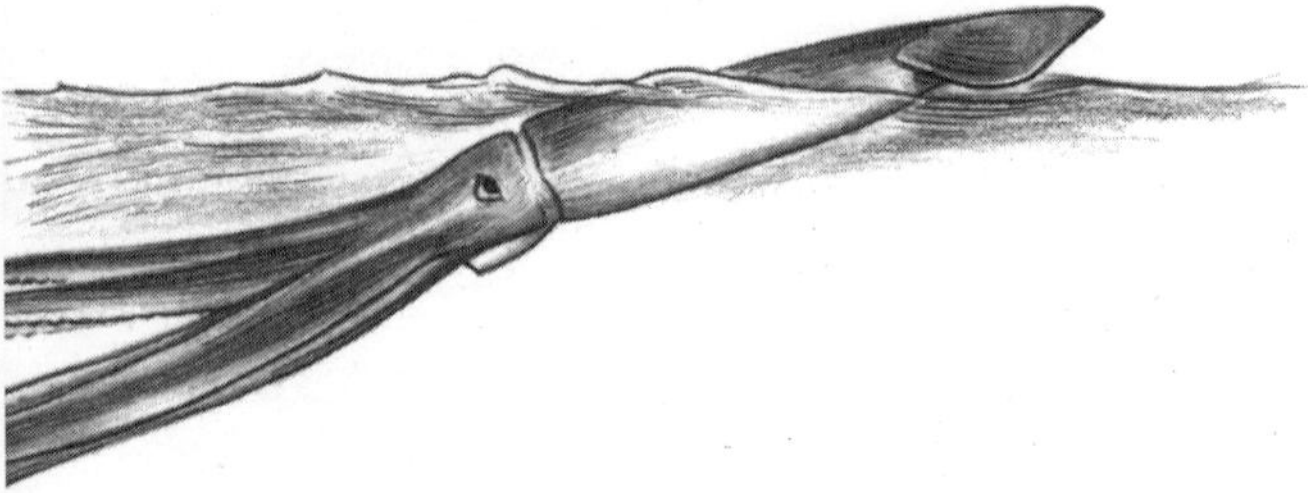

反動で泳ぐ。イカの泳ぎはいわばジェット推進である。体をくねらせたり、うねらせることもなく移動できる。つまりダイダロス・モンスターの動きはイカなのである。そして艦長は怪物の色についてこう証言している。

「体の色は暗い茶色で、腹側は黄色っぽい白でした」

これでほぼ決定だろう。茶色や赤系統の色をした海の巨大生物とは、そうそういない。しかるにダイオウイカは背中側が赤い。少なくとも海面など明るい場所に姿を現した時はそうである。そして腹側は白くなる。ダイダロス号が遭遇した怪物はダイオウイカで間違いない。

ダイダロス号の艦長と船員は、絶対にあれは魚や哺乳類ではない、あんなものは見たことがないと言ったが、それは正しい。ダイオウイカは深海にすむ生き物である。いかに海の男といえども、見たことはないだろう。艦長たちは嘘をついてはいなかった。彼らが見たのは確かに海の怪物であった。ただしそれは未知の爬虫類ではなく、巨大な深海のイカだったのである。

†マッコウクジラの大好物

かつて盛んに目撃された海の怪物オオウミヘビ。これらの証言を読むと、ダイオウイカを目撃していたらしい事例が他にもある。たとえば1875年7月8日。ザンジ

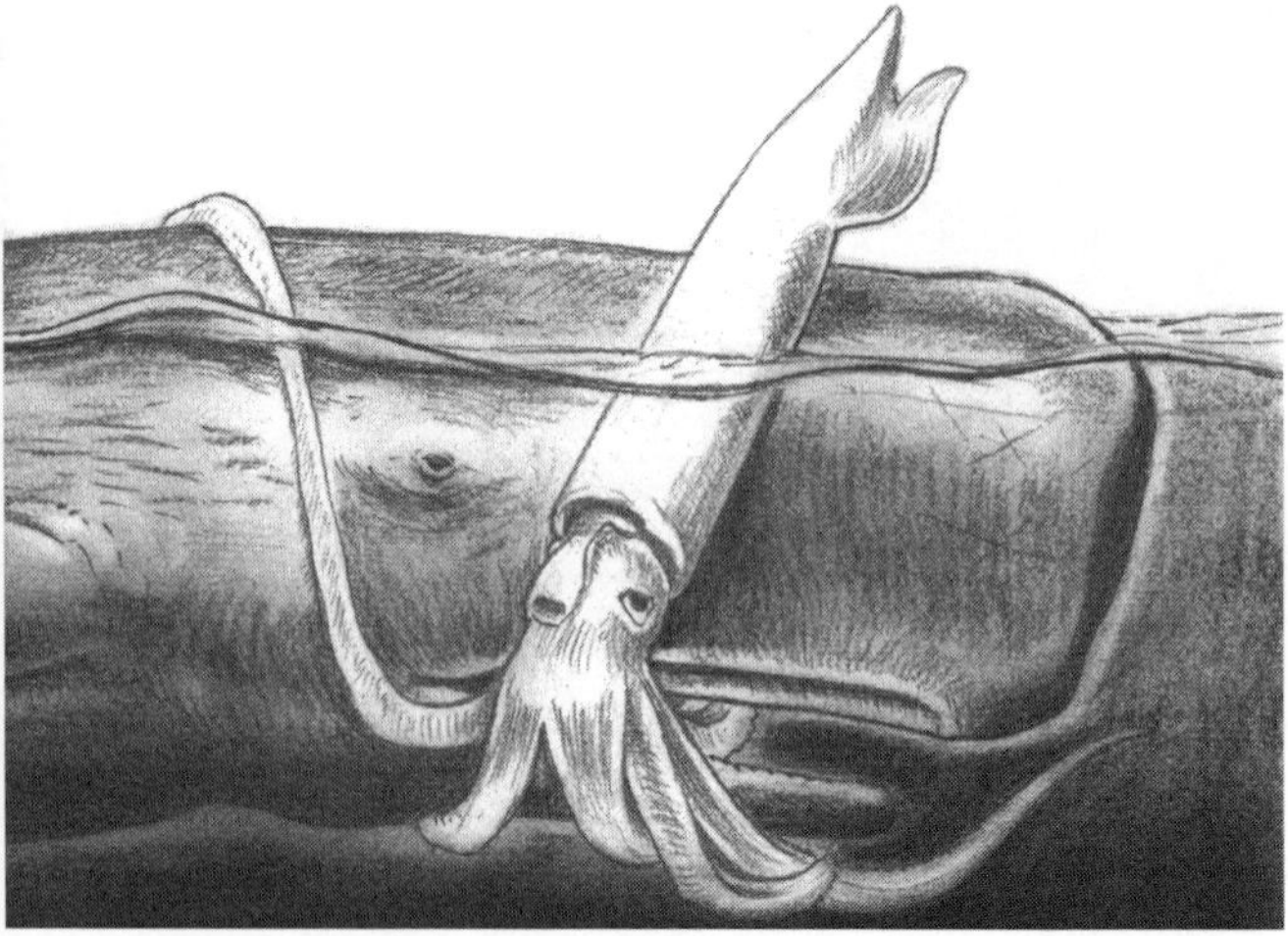

1875年7月8日、ブラジル沖合を航行中のイギリスの船、ポーリン号はオオウミヘビを目撃した。左下は当時のスケッチ（Illustrated London News, 1875より模写）で、背景の島はどうやらフェルナンド・デ・ノローニャ島らしい。

船員たちはオオウミヘビがマッコウクジラを締め上げて深海に引きずり込んだと証言しているが、実際にはクジラに食われていたダイオウイカであったろうし、再現すると上のような状況であっただろう。
残念なるかな、オオウミヘビことダイオウイカはマッコウクジラにまったく太刀打ちできないのだ!!

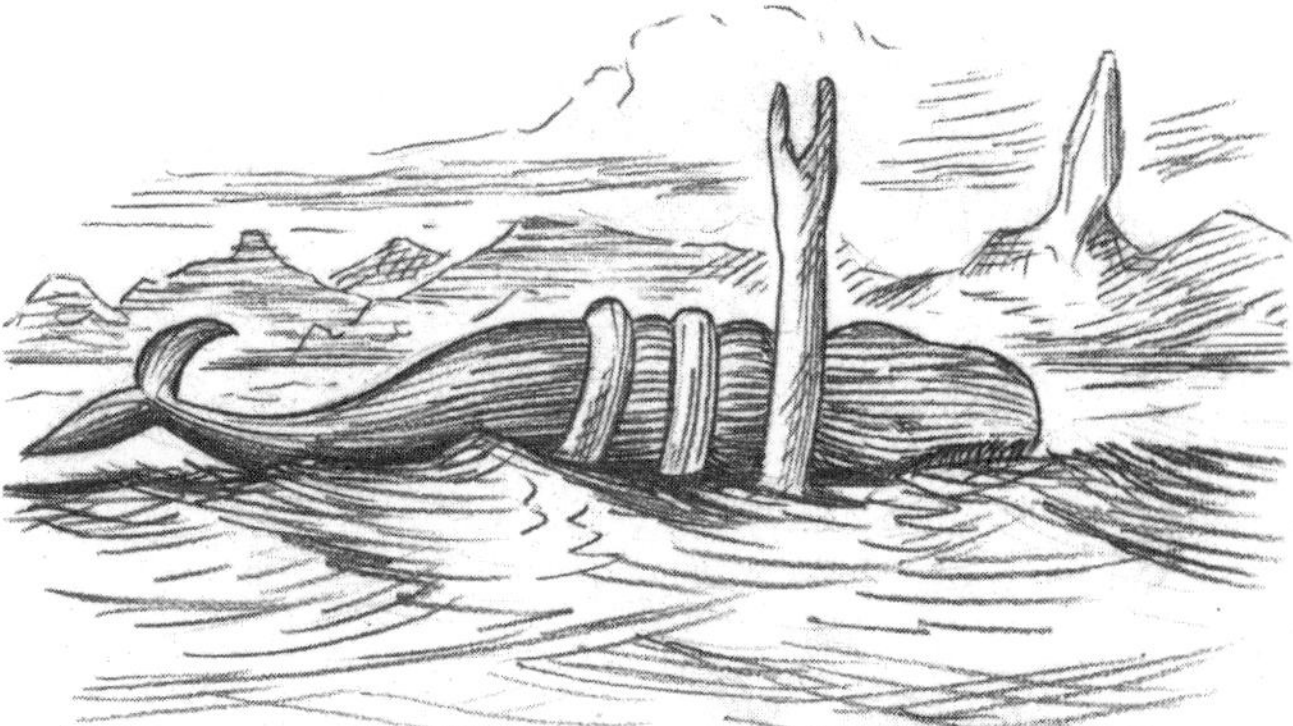

バルへ向かうポーリン号の乗組員が目撃した事例。場所はブラジル沖合の大西洋で、緯度経度の記録とスケッチからすると、フェルナンド・デ・ノローニャ島の沖合に思われる。

目撃した艦長たちは、オオウミヘビがマッコウクジラに巻きついていて、そのままクジラを海へ引きずり込んだと証言した。多分これはマッコウクジラに喰われていたダイオウイカであったのだろう。証言によるとそのオオウミヘビの背中は茶色だったと言う。つまりダイオウイカの特徴だ。それにダイオウイカはマッコウクジラの餌のひとつであった。マッコウクジラは水深数百、あるいは1000、さらには3000メートルにまで潜って深海のイカを食べて生活する。この時も深海でダイオウイカという大物を捕まえて、ほくほく笑顔で浮上してきたところだったのだろう。

クジラに巻きついていたオオウミヘビの胴体とは、実際にはイカの腕や千切れた触手《しょくしゅ》（触腕《しょくわん》）であったろうし、オオウミヘビの口が開きっぱなしという証言からすると、このダイオウイカはクジラにかじられてヒレが千切れかかっていたのではないだろうか。目撃者は、オオウミヘビが最後にクジラを深海に引きずりこんだと考えた。しかしこれはありえない。仮に巨大なヘビがいたとしても、相手に巻きついているのだから、そのままでは動けないし、泳げないではないか。イカを食べかけのクジラが再び潜水を開始した。それだけのことだろう。

このように1875年のオオウミヘビ、これもまたダイオウイカであった。しかし貴重な目撃証言には違いない。ダイダロス号と同様、ポーリン号の人々の証言やスケッチは実に的確である。海の男たちはちゃんとものを見ている。

†ダイオウイカのサイズ

ダイオウイカは水深数百から1000メートル程度の深度にすむ巨大イカで、見つかるのは欧米や日本、オーストラリアの近海だ。基本的に南北両半球。温帯の海とその深海から見つかるわけで、両半球の間にある熱帯の海、あるいは亜熱帯の海にはいない。あるいはまれだ。

しかしこれ、人が多い地域だけで目撃例が報告される、それだけのことらしい。実際、国立科学博物館の窪寺博士のチームは長い努力の結果、亜熱帯の小笠原で生きているダイオウイカを撮影した。ダイオウイカは熱帯の海も含めて世界各地の深海にいるのだろう。

実在する生き物として見ても、ダイオウイカは伝説に彩られたよくわからない存在でもあった。たとえばその大きさ。ダイオウイカは全長18メートルと言われる。誰もがこれを聞くと色めき立つだろう。18メートルの巨体を誇るイカとはいったいどれほど恐ろしいものか？

だがこの大きさ、細長く伸びる触手を含めた長さであった。タコは8本足、イカは10本足と言うが、生きている時、イカは8本足に見える。イカはその10本の足のうち、2本が伸縮自在な触手になっていて、通常は短く縮んでいる。だから8本足に見える。この触手になった足は専門用語では触腕というのだが、ダイオウイカの触腕は細長く伸びる。この長く伸びた腕を入れて18メートルという最大記録が残されているのだった。体から伸びたヒモみたいなものを含めて18メートルでございます……これを聞けばみんながっかりするに違いない。全長18メートルというのはインチキもいいところではないか。

イカの大きさは通常、頭巾の長さで測られる。頭巾とは一見するとイカの頭に見える部分のことだ。イカを擬人化して足を人間と同様、体の下と考えると、イカはまるで頭の上に三角頭巾をかぶっているように見える。この三角頭巾の部分の長さでイカの大きさは測るのだ。ちなみにこの頭巾と呼ばれる部分、実際には胴体なのだが、その話は省略する。ともかく、イカは頭巾の長さで測られること、そしてダイオウイカの最大記録は頭巾の長さが公称5メートルであったことを覚えておくといい。公称5メートル！　私たちが食べるスルメイカやアオリイカの頭巾の長さが30〜40センチであることを考えれば、ダイオウイカはその12倍。まさにイカの王様だ。

だがしかし、実のところ頭巾の長さ公称5メートルとは今や過去の話であった。この数値、実のところよく考えてみればおかしな値なのである。ダイオウイカはしばしば沿岸に打ち上げられてその巨体を人目に晒して話題となる。皆さんもそういうニュースを見たり聞いたりしたことがあるであろう。そこで思い出して欲しいのだが、それらのダイオウイカは頭巾の長さが5メートルもあっただろうか？　あるいは最大記録に及ばずとも、頭巾の長さ4メートルという報道があっただろうか？　そんな数字を聞いた記憶が皆さんにあるだろうか？　あるはずがない。なぜかというに、ダイオウイカの大きさはどれも頭巾の長さ2メートル程度なのである。博物館に展示されている標本を見てもそうだ。大きいには違いないが、最大記録5メートルには程遠い。どれも半分以下の大きさしかない。

もし日本人の最大記録は身長4メートルですという話があって、しかし実際に会ってみる日本人は誰もが170センチとか150センチであった場合、過去に記録された身長4メートルという数字はおかしいに違いない。ダイオウイカも同様であった。私たち素人は、これはおかしくね？　と思うだけだが、研究者は違う。世界中に保存されているダイオウ

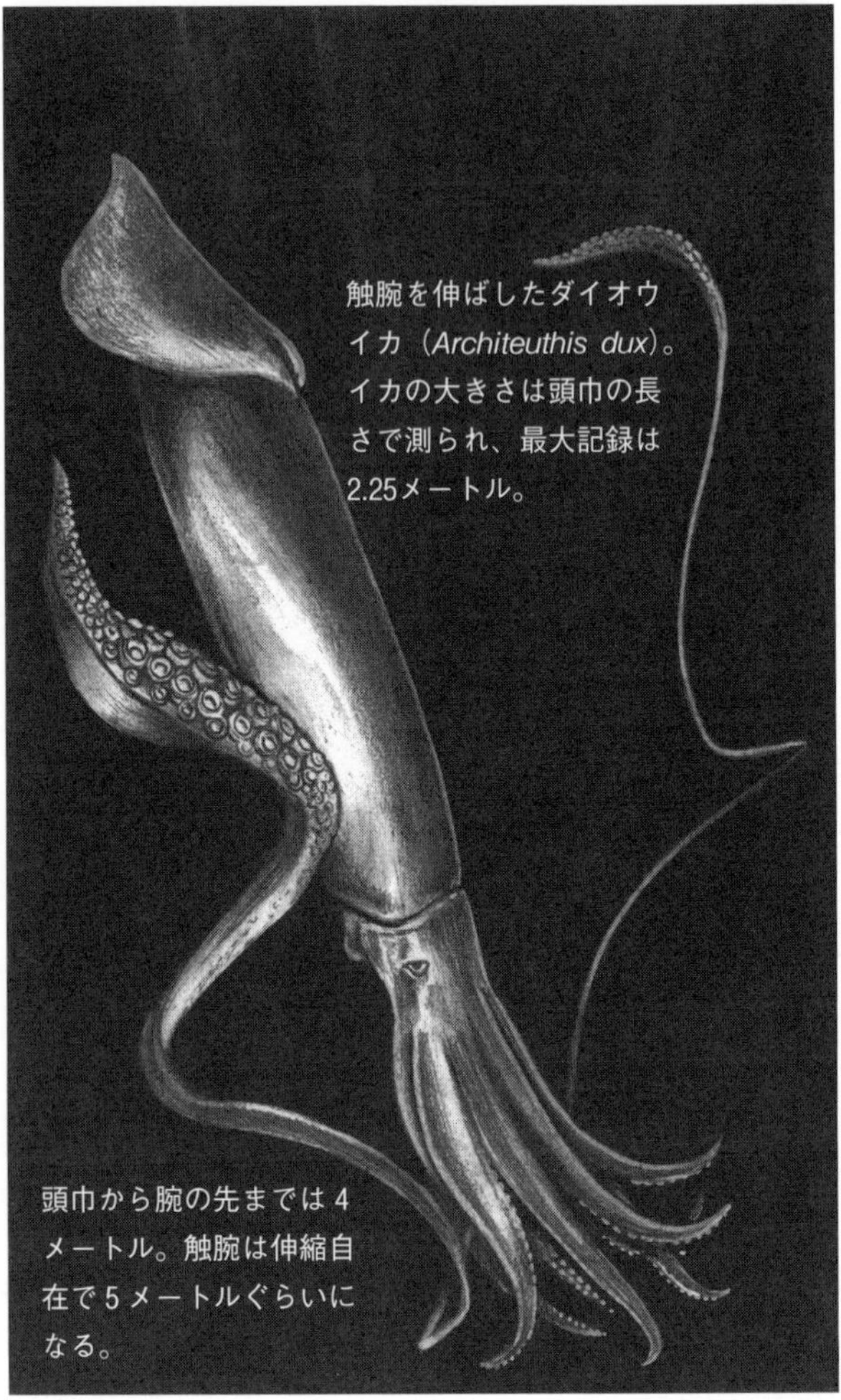

触腕を伸ばしたダイオウイカ（*Architeuthis dux*）。イカの大きさは頭巾の長さで測られ、最大記録は2.25メートル。

頭巾から腕の先までは4メートル。触腕は伸縮自在で5メートルぐらいになる。

イカの標本を全部調べた人がいる。それはニュージーランドのオシェイ博士。調べた標本130点。そして、ダイオウイカで頭巾の長さ2・25メートルを超えるものはいないという結論を得た。

頭巾の長さ5メートルという記録は、非常に古いもので、出典さえよくわからず、標本も残っていない。5メートルという記録はなにかの間違いか、ふかしだったのである。ダイオウイカの最大記録は頭巾の長さ2メートル25センチが正しい。それでも巨大なイカには違いない。アオリイカやスルメイカは頭巾に比べて足が短い。しかしダイオウイカの足は頭巾と同じぐらいの長さがあるのだ。頭巾の長さ2メートルなら、足を含めた全長は4メートルぐらいとなる。もちろんこれは伸びる触手を含めて大きさを水増しするようなインチキではない。ダイオウイカは十分に大王なのである。

ただし、ダイオウイカ自体はイカの大きさナンバー1から滑り落ちた。南極にはダイオウホウズキイカというこれまた巨大なイカがいる。ホウズキイカとはホウズキを思わせるぽんぽんした体型のイカだが、ダイオウホウズキイカはその巨大種に当たる。これゆえダイオウホウズキイカである。このイカは頭巾の長さが2～2・5メートルぐらい。つまりダイオウイカよりほんの少しだけ大きい。ただし、頭巾に比べて足の長さが短い。だから

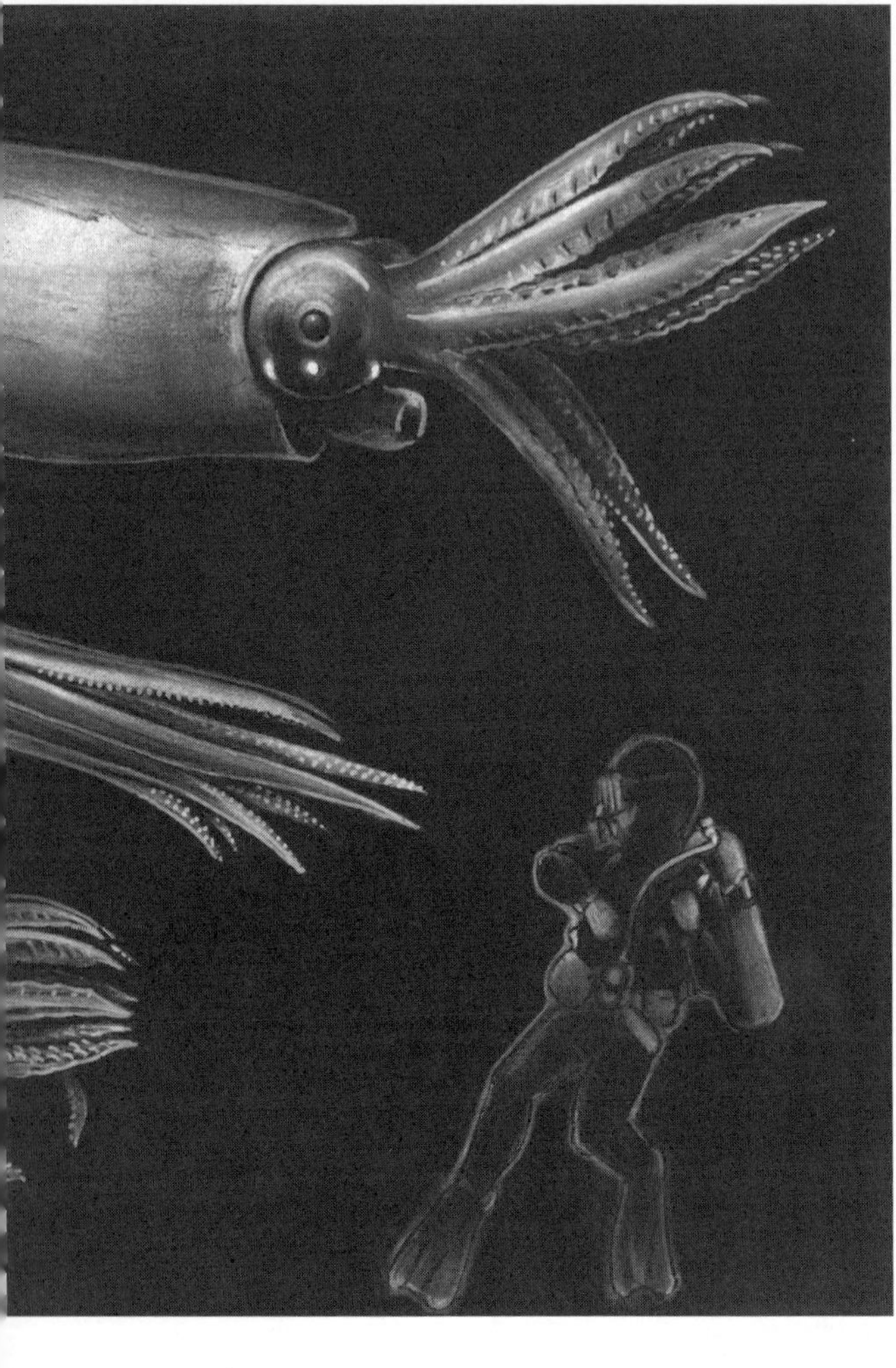

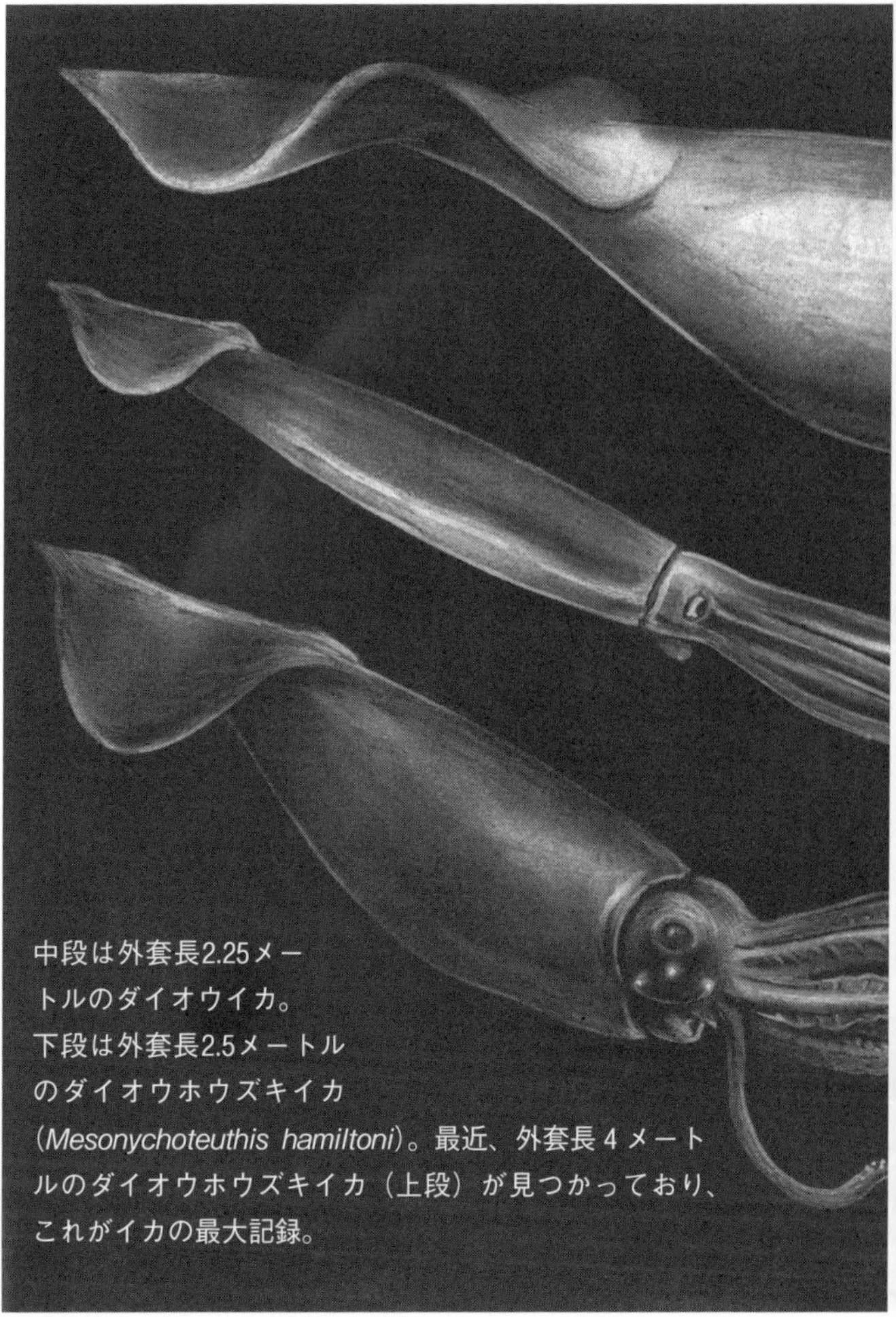

中段は外套長2.25メートルのダイオウイカ。
下段は外套長2.5メートルのダイオウホウズキイカ（*Mesonychoteuthis hamiltoni*）。最近、外套長４メートルのダイオウホウズキイカ（上段）が見つかっており、これがイカの最大記録。

足まで入れるとダイオウイカより小さい。ところがである。最近捕獲されたダイオウホウズキイカには頭巾の長さ4メートルのものがいたというのだ。体型からすると全長は5メートルに達するだろう。こうしてイカの大きさナンバー1は厳密にはダイオウホウズキイカのものになり、ダイオウイカは大きさ2番手になったのである。

だが、あまり厳密にナンバー1、ナンバー2と考える必要はない。標本が多いからということがあるかもしれないが、多くの場合、ダイオウイカの方が大きい。だから、最大種はダイオウイカだが、ホウズキイカの中にはそれより大きくなる個体がまれにいる。今のところ、そう考えておけば良いだろう。ちなみにネット上にあるダイオウホウズキイカの大きさ情報には、全長10とか20メートルとかあからさまな間違いがあるので要注意だ。人間は大きさのことになると正常な思考ができなくなるらしく、巨大生物のことになると、必ず訳がわからないおかしな数字が出てくるものだ。

†ダイオウイカの生存戦略

さて、イカ世界の巨人であるダイオウイカはどんな生活をしているのだろう？　実はこれがよくわからない。深海におろした餌に寄ってくることから、他のイカなどを食べることはわかる。しかし、採取されたダイオウイカの胃袋はどれも空っぽだ。いつも空っぽとは、少食なのかもしれないし、あるいは食べたものを即座に消化してしまうということかもしれない、古典的には、ダイオウイカは不活発な生き物だと考えられていた。深海は餌の乏しい世界だ。せかせかしていたら無駄にエネルギーを消費して餓死してしまうだろう。実際、ダイオウイカの肉体は海の中をぼんやりと漂うことに向いたものである。

人もイカも祖先は海の中にいた。だから私たちの体には塩が含まれている。人体もその7割は水であり、それは塩水だ。ただし人間の体の塩水は薄い。反対にイカの体の塩水は海水とほとんど同じで、そして人よりも体の水気が多い。イカの体の8割は水であり、つまるところイカの体は海水からできていると言っても良い。もちろん肉体は単なる海水ではなくて、タンパク質が含まれている。だから肉は海水よりも重くなるし、動物の体はそのままでは沈んでしまう。人間なら溺死するし、海の生物であっても沈むことは生死にかかわる。海というのは深度によって環境が違う。沈めば違う温度と圧力の世界へいってしまうわけで、無制限な沈没は水中呼吸ができるイカにとっても致命的なのである。

これを防ぐためにイカは泳ぐ。少なくともアオリイカやスルメイカはそうだ。しかしこれは餌が豊富な海の浅い場所にすんでいるからできる話。餌の乏しい深海でこれをやったら、エネルギー消費に餌が間に合わずに餓死が待っている。

　では深海にすむイカはどうするかというと、体を軽量化してぷかぷか浮かぶ。つまり省エネぷかぷか戦略だ。動物の体は海水にタンパク質が混ざっているから重くなる。だったらタンパク質の重みの分だけどこかで軽量化を達成すれば良い。合計して体が周囲の海水と同じ重みになれば、あとはふわふわ浮かぶだろう。深海のイカはこの軽量化を塩化アンモニウムで達成した。塩化アンモニウムは塩に準じる化合物だが、塩よりほんの少しだけ軽い。つまり体内の塩を塩化アンモニウムに置き換えれば、体が少しだけ軽くなる。深海のイカはこうして体の軽量化を達成した。

　ただしこれ、口で言うほど簡単ではない。体に含まれる塩の量を考えてみればいい。これが幾分か軽くなっただけで体が水にぷかぷか浮くだろうか？　浮くわけがない。浮かせるためには、大量の塩化アンモニウムが必要だ。ゆえにダイオウイカの体はぐじゅぐじゅになった。彼らの肉を食べた人は次のように言う。

「歯応えがなく、海水を含んだスポンジを食べているみたいだ。苦いし、からいし、めちゃくちゃしょっぱい」

　これは塩化アンモニウム溶液を大量に含んだ結果である。海水よりわずかに軽い塩化アンモニウム溶液を使って体を浮かす。この命題を実現するにはそれはそれは大量の溶液が必要だった。その結果、肉はスポンジのようになった。肉が溶液の水泡だらけになったからである。しかも塩化アンモニウムはにがしょっぱい。海水中を省エネで浮遊する。これを実現したことにより、ダイオウイカはとんでもなくまずいイカになった。ただしこれは人間にとっての話で、マッコウクジラは大好きだ。

†「視力」対「聴力」

さて、このように浮遊生活に適応した生き物であるから、ダイオウイカは不活発な生き物だろうと一般的に考えられてきた。しかしその一方で泳ぐためのヒレは大きいし、獲物を探す触腕は力強く、神経の発達も良い。ぷかぷか生活な肉体と裏腹に、実は活動的なハンターではないのか？　そんな意見もあった。

この推論が正しかったことは観察で明らかになった。生きたダイオウイカを深海で撮影した映像。それを見た人は多いだろう。そこに写っていたのは餌に勢いよく、しかし優雅に素早く泳ぎ寄って摑《つか》む姿。あるいは釣り上げられたので、逃げようと勢いよく水を吐き出す姿であった。体自体はゆったり漂うつくりではあるが、いざとなるとやれる子であることがわかるだろう。

ダイオウイカは体だけではない。目も極めて大きいことが特徴だ。彼らの目玉の直径は27センチ。なんとバスケットボールよりも大きい。ここまで巨大な目を持つ動物は過去の地球に遡ってもほとんどいない。ダイオウイカは地球の歴史上、最大の目を持つ動物なのである。そしてこの巨大な目は、敵であるマッコウクジラを発見するためのものだと考えられている。

意外かもしれないが水は不透明な物体なので、水中では見通しが利かない。水が不透明であることはコップの水を見ては実感できないが、プールに潜った時のことを思い出せばわかるだろう。プールの中で目を開けても、プールの端は青くかすんで暗く、見通せない。水はわずかだが光を吸収する。だから暗く見える。数センチの厚みの水だとわからないが、数メートルの厚みの水だとそれが実感できる。数十メートルだと光の吸収は顕著であり、200メートルの厚みの水は光の99パーセントを吸収してしまう。これは植物が光合成できなくなる光の乏しさだ。200メートルより深い場所を深海と呼ぶのはこれが理由であった。水による光の遮断で植物が光合成できなくなる深さ。それが深海の定義となる。

光合成は食糧生産の過程であり、それができない深海では食べ物が生産されず、他とは違う別世界になる。深海の食料は、原則的に明るい上の世界から沈んできたおこぼれにすぎない。

さて、暗いのはともかくとして、見通せないというのはダイオウイカにとって大問題であった。なぜなら彼らの敵であるマッコウクジラは光ではなく、音を使って餌を探すからである。光と違って音は水中ではなかなか減衰しない。だから音だと水中を遠くまで見通せる。潜水艦が音を出して周囲を探るのもこのためだ。よく戦争映画でチコーン、チコーンという音を潜水艦が出す場面があるだろう。あれは音の反響を利用して相手を探っているのである。いわゆるソナーだ。マッコウクジラも潜水艦と同様、音を出してその反響で獲物を把握する。

反対にダイオウイカは目で相手を探す。音と光。見通せない水中においてこの違いは致命的だった。マッコウクジラはソナーで獲物を探す最新型軍用潜水艦なのに、食われる側のダイオウイカは、乗組員が窓から外を眺めて目をこらして探している状態なのである。どう考えてもダイオウイカの分が悪い。ダイオウイカも音の反響で周囲を探る力、つまりソナーを進化させれば良いのだが、それができなかった。イカには音をつくる器官がないし、そもそも耳がない。

人もそうだが、進化とは、今、手持ちにあるものだけでどうにかしないといけない。音をつくれぬ聞こえぬイカが、ソナーを持つように進化することはない。ダイオウイカができるのは目の感度を上げることのみ。こうしてダイオウイカは巨大な目を持つようになった。そしておそらくマッコウクジラが作り出す光を発見することに全力をあげている。もちろん、マッコウクジラ自体が光るわけではない。海の中には小さな光る生き物が色々いる。マッコウクジラが泳ぐと、クジラの体にあたったこうした生き物が驚いてチカチカ光る。すると暗い深海の中でマッコウクジラの姿が青く浮かび上がる。ダイオウイカはこれを見つけるのである。

しかし光が吸収される水中で、遠くの光を見つけるのは困難極まりない。光る生き物というとホタルだが、仮にホタルが水中で光っているとする。陸上だと数百メートル先のホタルの光も見えるが、水中ではそうはいかない。放たれる光はたちまち吸収されて、かすんでしまい、かすかになった光は感度の良い目でないと見つけられない。では人の目だとどのぐらい先のホタルが水中で見えるかというと、計算上は60メートル先のホタルが見える。これは非常に楽観的かつ理想的な話で実際はもっと短いだろうが、まあ60メートルとしよう。

目を大きくすると感度が上がる。たとえば目の大きさが2倍になると感度は4倍になる。ダイオウイカだとその感度は人間の126倍である。もしダイオウイカが陸上にいたら、星明かりしかない真っ暗な夜でも、満月の夜のように明るく感じるし、周囲をはっきり見ることができるだろう。ここまで感度の高いダイオウイカの目だ。水中でもさぞかし遠くまで見通せるだろうと期待してしまうが、残念、そうはならない。水中での光の減衰は距離が伸びると急激に大きくなるのだ。このため、ダイオウイカが見通せる距離はせいぜい120メートル程度。つまり人間の2倍にしかならない。

目玉をバスケットボールよりも大きくする。これほどの進化的努力を達成しても、見通せる距離が60から120メートルにしか伸びない。しかしこれは小さく見えて大きな違いであった。120メートル先で敵を見つけて回避行動をとるのと、60メートルまで近づかれてようやく気がつくのとでは天と地ほどの違いがあるだろう。

進化とは有利が蓄積する現象であった。他のものよりもわずかでもいい、早く敵の接近に気がつく。それができたものが生き残り、子孫を残し、他よりもわずかだけ感度が高い目が受け継がれる。これが何世代も累積してできたのがダイオウイカの巨大な眼球であった。

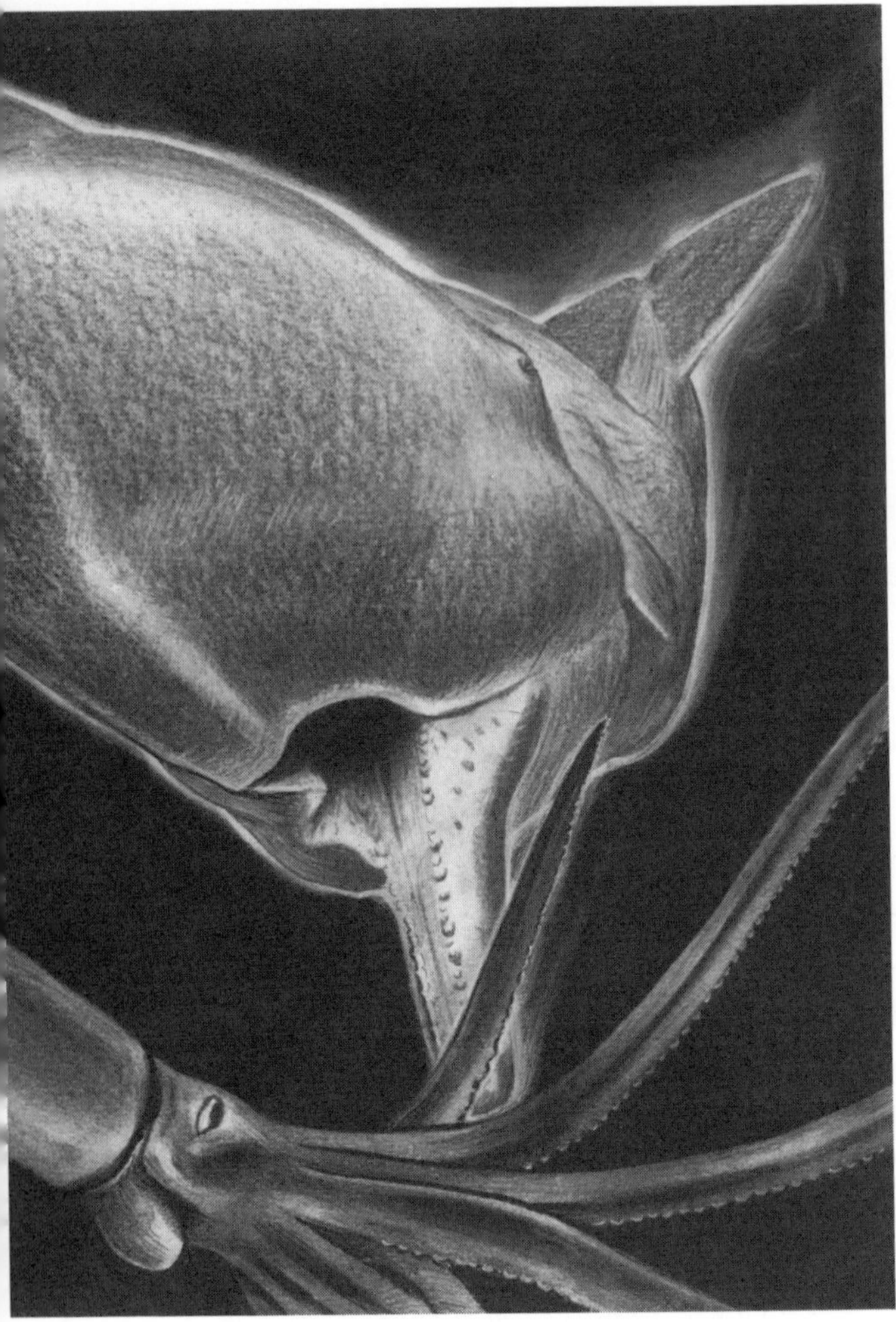

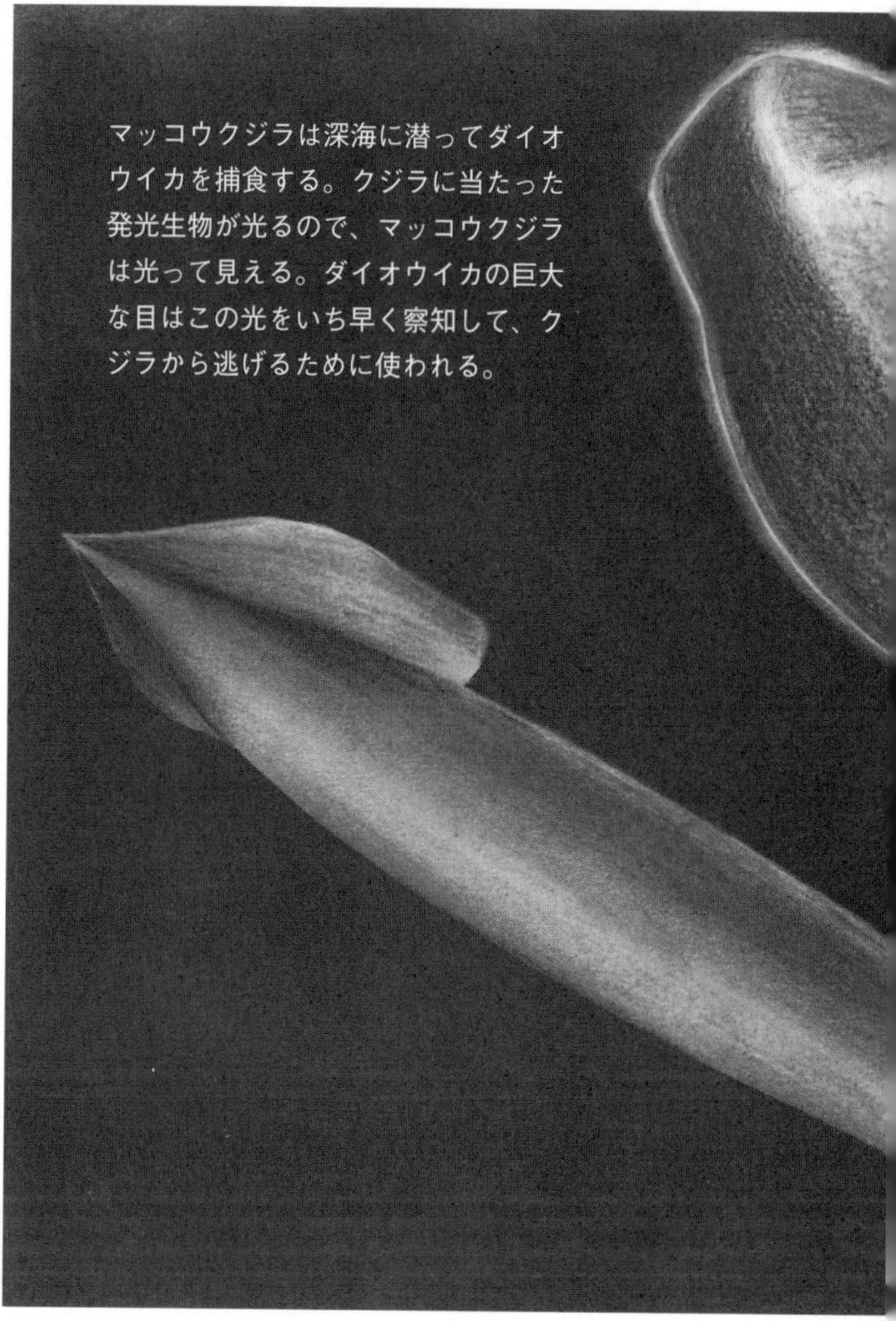

マッコウクジラは深海に潜ってダイオウイカを捕食する。クジラに当たった発光生物が光るので、マッコウクジラは光って見える。ダイオウイカの巨大な目はこの光をいち早く察知して、クジラから逃げるために使われる。

彼らの異様な眼差しはマッコウクジラという強敵に対抗するためにできたのである。今日もダイオウイカは人知れず世界各地の深海でぼんやりと漂っている。そしてマッコウクジラがいないかと深海の闇を凝視しているだろう。

2 ラブカ——ヘビの顔をした深海ザメ

驚愕する魚類学者

19世紀に一世を風靡した海の怪獣オオウミヘビ。この正体はダイオウイカだった。もちろん全部がそうだったわけではない。ダイオウイカ以外にも色々なものが怪物だと思われただろう。深海にすむ奇妙なサメ、ラブカもそのひとつであった。

ラブカは全長が1・5メートル。世界各地の深海に分布し、すんでいる深さは数百メートル。サメの仲間であるが顔はまるでヘビのようだ。これには理由がある。普通のサメは鼻が長い。長い鼻には感覚器官があって、周囲を探る役割がある。そして鼻が長くなった分、口は後ろにある。サメの絵を描く時はこのことを念頭に入れておくとうまくいく。しかしラブカはそうではない。鼻は短く、そのため口が顔の前にある。だから顔つきがまる

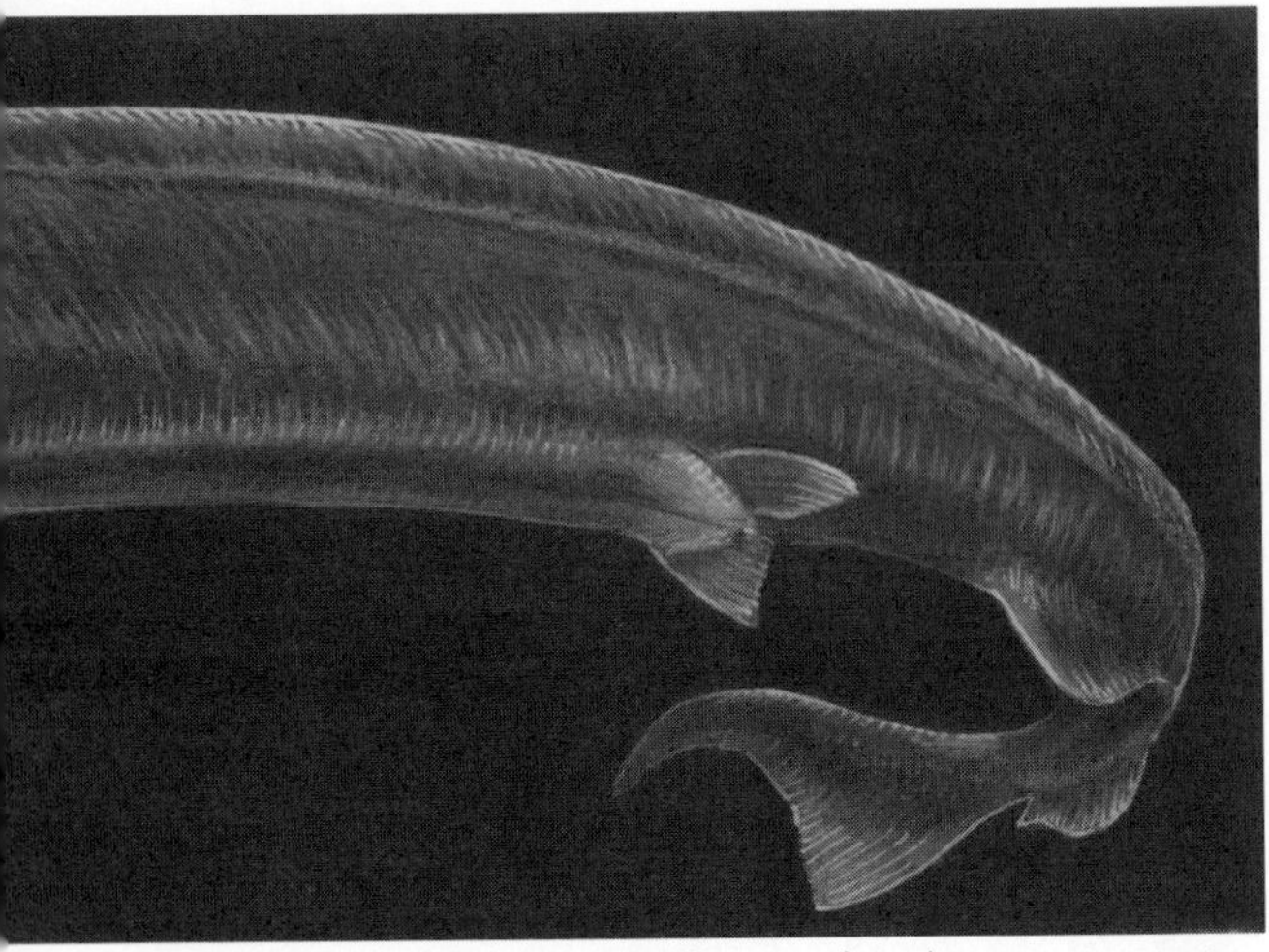

深海にすむユウレイイカを襲うラブカ（*Chlamydoselachus anguineus*）。ヒレの付け根が狭く扇状になっているが、これは現代型のサメの特徴。全長1.5から２メートル。数百から1000メートルを超える水深にすむ。

でヘビのように見えるのだ。おまけに体もヘビのように細長い。ラブカの学名はクラミドセラクス・アングイネウス（*Chlamydoselachus anguineus*）と言うが、このアングイネウスという部分。これはラテン語でヘビの意味だ。ヘビのようなその姿を現した名である。

　ラブカが最初に見つかったのは日本で、時代は１８８４年。明治17年のことだった。つまり開国まもない日本である。当時の西欧からすれば日本は、まだ十分調査されていない未知の場

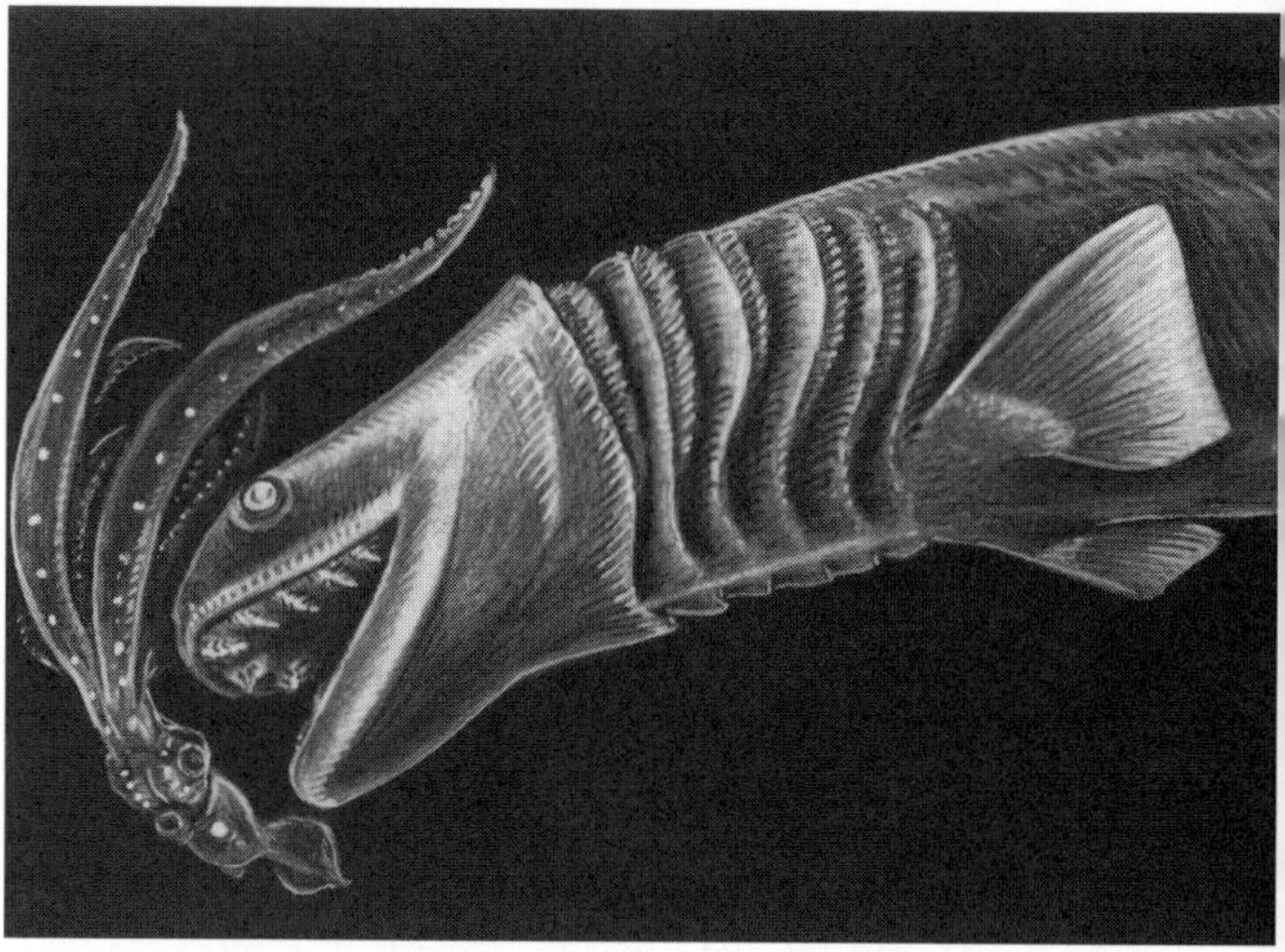

所であった。日本にはどんな生き物がいるのだろう？　未知の自然を求めて標本ハンターや研究者が来日して、色々な動植物を発見した。今は絶滅してしまったニホンオオカミもそうやって報告されたものだし、ラブカも発見ラッシュのこの時代に見つかったのである。

ラブカを記載したのは高名な魚類学者ガルマン教授で、彼はラブカの異様な姿に驚き、論文の出だしで次のように書いている。

「この動物は一般にオオウミヘビと呼ばれる未知の怪物とよく似ている。この生き物がサメであることは疑いないが、姿は、特に上半身と頭は恐ろしげなヘビそのものだ。このような生き物が存在するにもかかわらず、これまで発見されてこなかった事実、これをふまえると、海の中にヘビの姿をした未知の怪物がいて時にその姿を人目に晒している、その可能性を否定できない。」

原文はもっと複雑で長くて修辞的な文章で、以上は要約なのだが、高名な魚類学者がオオウミヘビについてわざわざふれる。しかも論文の出だしで。19世紀当時、オオウミヘビがどれほど真剣に語られていたかがわかるであろう。教授が言うように、目撃されたラブカがオオウミヘビと思われたことがあるのかどうか、それはわからない。ただ、少し後の1898年に書かれた北米の魚類に関する本にこんな記述がある。

「ラブカは日本とマデイラの深海から見つかっている魚で、北米からは明確には知られていない。しかし漁師が描いた信用できる絵からすると、この魚は大西洋の西部にもいるし、おそらくオオウミヘビと記録されているもののいくつかはこれであろう。」

120年前のこの推論はかなり正しい。ラブカは最近まで日本などごく限られた場所から見つかる魚だったが、技術が発達すると世界各地にいることがわかってきた。今では西大西洋からも見つかっている。今から120年前、こんな魚を捕まえたよ、それはこんな姿をしていたよ。そう証言して絵を描いた北米の漁師の目撃談は正しかったのだ。

要するに人々は昔から時々、ラブカを目撃していたのである。そうした人の中にはオオウミヘビを見た！　と証言した人も実際にいたかもしれない。日本でも駿河湾周辺ではラブカのことをカイマンリュウと呼ぶ。カイマンリュウ。名前からして爬虫類扱いだ。ラブカの姿は非常に印象的であり、それはまさに巨大なヘビなのであった。

†古代ザメ「クラドセラケ」との同異点

さて、ラブカにはもうひとつロマンがある。それはこの異様なサメは古代ザメの生き残りではないのか？　という仮説だった。

昔の研究者はこう考えた。ラブカは口が顔の前方にある。この特徴はデボン紀の古代ザメ、クラドセラケと同じ特徴だ。歯の形も似ている。ラブカはクラドセラケの生き残りではないのか？　クラドセラケは3億6000万年前にいたサメの仲間で、鼻は長くなく、口は頭の前方で開いていた。クラドセラケの持つこの原始的な特徴をラブカはそのまま引き継いだのだろう。つまりラブカは生きた化石であり、古代ザメの生き残りなのである。

これは人気のある説なので今でもこれを信じている人は多い。ラブカはしばしば水族館で標本として展示されるが、そこでもラブカは古代ザメという解説がされているものだ。だがこの説は80〜90年代にかけて否定されているので、ここで少し説明しよう。

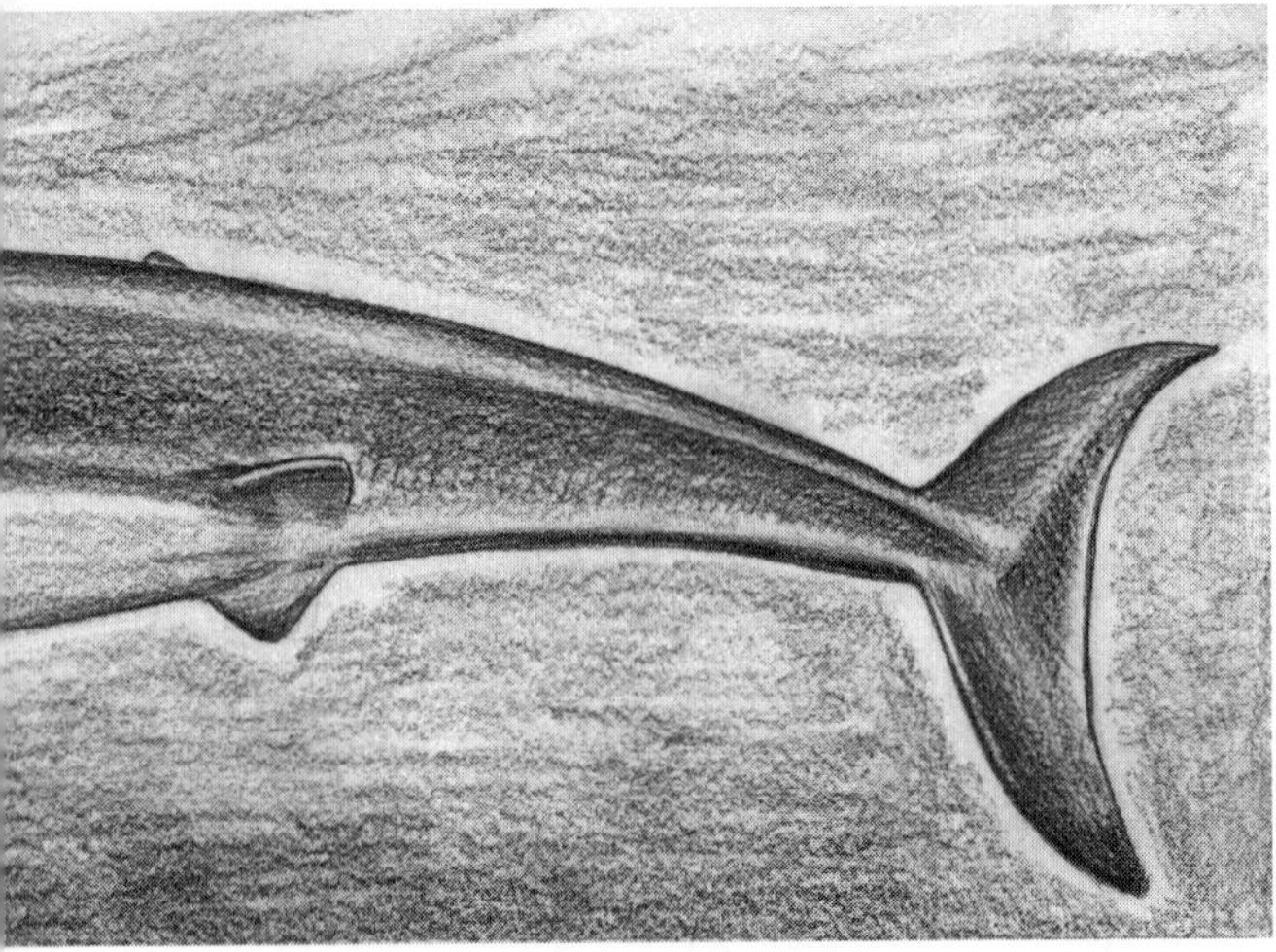

ああ……しかしその前にちょっと書いておこう。この話を聞くと水族館の古い説明文を正してやろうと、正義感に燃える人もいるかもしれない。しかし、説明文を変えるというのは個人の一存では決定できない。だから水族館の人も知った上でそのままにしていることがある。ラブカは古代ザメである。そういう展示を見たら、知ったかぶらずにそっとしておいた方が良い。むしろ、ラブカを古代ザメだと信じた時代があったのだ、この展示はその名残なのだと、科学と理解の歴史的変遷を楽しんだ方がいいだろう。

さて、本題に入ろう。ラブカは古代ザメの生き残りか？　まず、古代ザメであるク

3億6000万年前のデボン紀に栄えたクラドセラケ（*Cladoselache*）。全長は1～2メートル。ヒレの付け根が幅広い。一般的に古代ザメとして知られ、この本でもそう紹介しているが、厳密に言うと、サメの親戚ではあるが、サメそのものではなかった。

ラドセラケの化石を観察してみよう。クラドセラケはその胸ビレがなんというか三角形で、ヒレの付け根が体にべったりついている。つまり飛行機のような固定翼であって動かせない。反対に現代のサメが持つ胸ビレは扇子のようなつくりで、ヒレの付け根がせまい。ここを動かすことでヒレの向きや角度を変え、現代のサメは泳ぎを微調整する。

デボン紀の古代ザメ、クラドセラケはこういう動作ができなかった。クラドセラケは

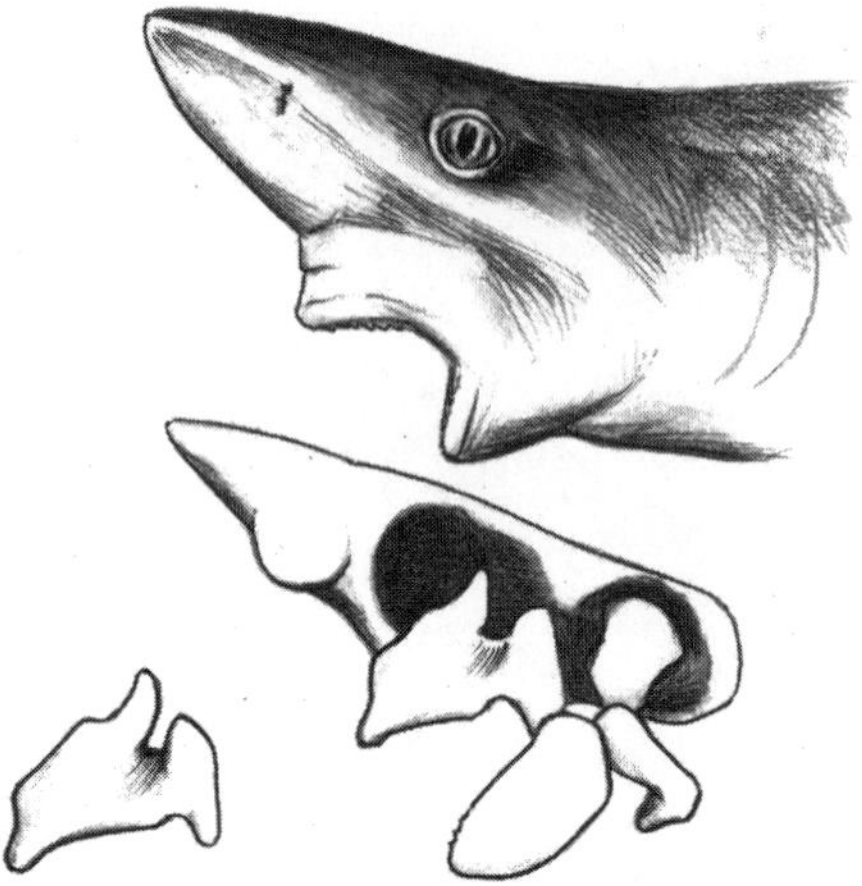

上は上顎がスライドして口が突出したツノザメ、左はラブカの頭蓋骨と上顎の骨。ラブカもツノザメも上顎の骨には突起があり、これは現代型のサメの特徴。ただしラブカの上顎は二次的にスライドしなくなった。

魚雷型をした実に優美な姿の生き物であるが、ヒレが固定翼である以上、現代のサメよりも泳ぎの調整力は劣っていただろう。ではラブカの胸ビレはどんな形だろうか？　それは扇型であり現代型のサメのつくりをしている。今時はラブカの動画をYouTubeやらなにやらで容易に見ることができるが、それを見れば彼らの胸ビレが扇型であることがわかるだろう。かように、ラブカが現代型のサメであることは素人目にも明白だ。

†サメの顎

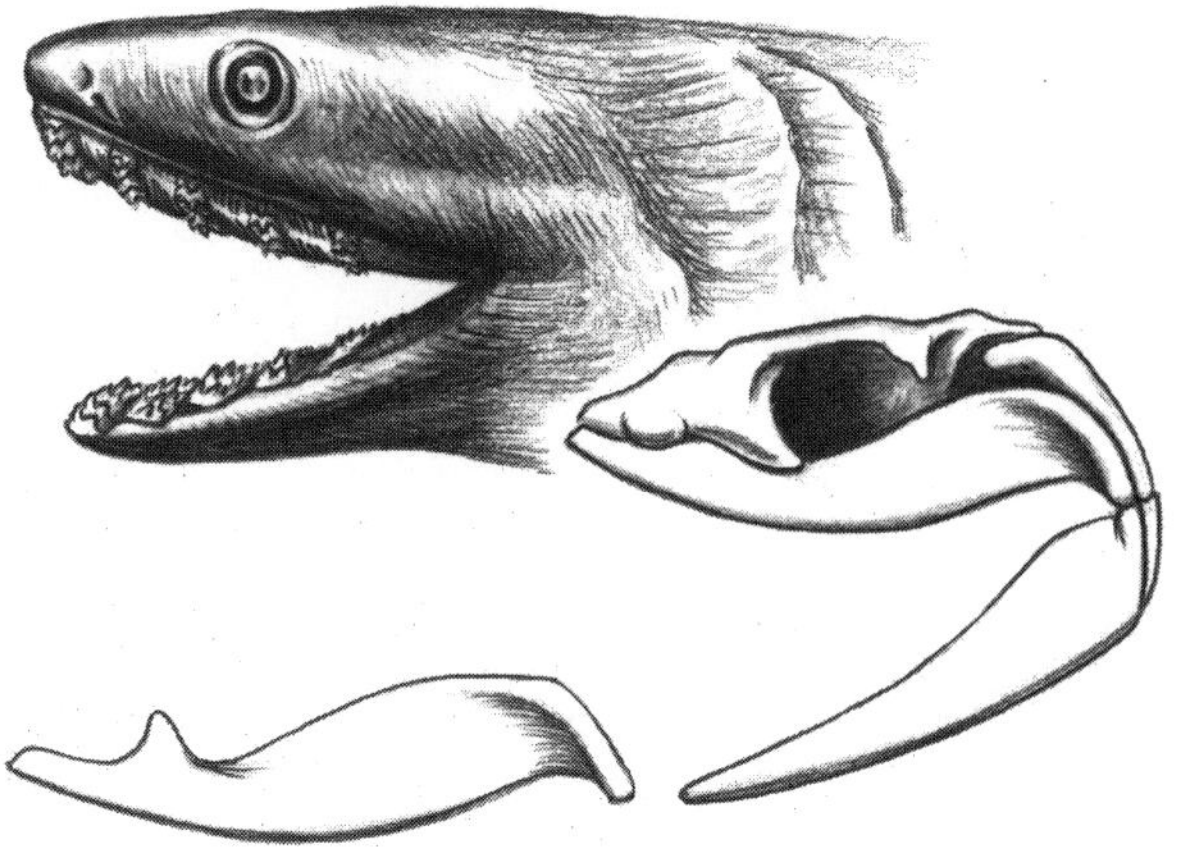

もちろん、ラブカを古代ザメとする根拠は他にもあった。それは顎をつき出せるか、突き出せないか、という違いだ。たとえば現代型のサメは顎を突き出すことができる。魚たちは手というものを持たず、イカのような伸縮自在の触手を持つわけでもない。伸ばせる手や触手は有利な器官であった。伸ばせるとはリーチがあるということ。有利なのは当たり前だろう。しかるに魚には手も触手もない。そこで進化してきたのが顎を直接前方へ突き出すという手段である。コイやキンギョを見ると、餌をついばむ時に口が前方へ突き出すように動くことがわかるであろう。

同じようにサメも顎を前方に突き出す。サメの顎は頭蓋から吊り下がっていて自由に動くのだ。これに対して私たちの顎は頭蓋と関節している。たとえば上顎の骨は歯がうわった骨であり、それは唇のところにある。私たちの場合、上顎の骨は鼻のあたりで他の骨に結合して固定されている。ところがサメの場合、上顎の骨は関節していない。腱で吊られているだけだ。そして前に動く。もし私たちがサメのような構造なら、唇のあたりの骨を摑むと、ずれるように動くはずだ。さらにサメの場合、下顎が上顎に直接関節しているから、上顎が動くと下顎も一緒に動く。上も下も総入れ歯にしている人が何かの拍子で入れ歯を吹き出してしまうというおもしろ画像があるが、あんな感じで動く。サメの顎は、上顎と下顎が一緒になって、前方へスライドするのである（この動きは後で登場するミツクリザメでは非常に顕著だ）。

ちなみに「関節する」という動詞を今使ったが、この用語に首を傾げる人もいるだろう。そんな日本語は初めて聞いたという人もいるだろう。それは当たり前で、これは解剖学や医学で使う言葉で一般的なものではない。もともとは関節を意味するアーティクル（article）を動詞化した単語、アーティクレート（articulate）に由来する。アーティクレートは関節という名詞を動詞化したのだから、まんま訳せば〝関節する〟となるわけだ。専門書を読む時などは、このことを思い出すと便利である。

さて、かようにサメの顎は前方にスライドするように動き、獲物を捕まえる。人によっては疑問を抱くだろう。こんなわずかな動作の一体何が有利なのか？　しかしだ、ほんの2、3センチの差で獲物を逃すことを考えれば、この小さな動作に有利さとお得が隠れていることは間違いない。ところがである、ラブカの顎は動かないのだ。そして古代ザメであったクラドセラケも動かなかった。サメは本来、クラドセラケのように顎が固定された種族だった。しかし進化の過程で顎が突き出るようになった。しかるにラブカは顎が動かない。これはラブカが原始的な古代ザメの証拠である。そう考えられていた。

しかしこの理解も80〜90年代に否定されたものである。ラブカを解剖して詳しく観察した日本の白井博士は、ラブカの顎が本来は突き出せる構造であることを確認した。ただし、頭蓋に他のサメにはないでっぱりがあって、それによって顎の動きが止められてしまうのである。要するにストッパーがあって顎が止まるのだ。だからほんの少しだけなら動く。実際、撮影されたラブカの動画をよく見てみると、彼らが口を開閉するたびに、ちょっとだけ上顎がスライドするように動いているのがわかる。要するにラブカの顎は原始的なものではなかった。そればかりか、本来なら動くはずの顎を二次的に動かなくしたのだから、彼らは原始的な古代ザメどころかその反対。ラブカはむしろ派生的なサメだ。

†歯の進化

最後に歯の話をしよう。ラブカが古代ザメであるという根拠はもうひとつあって、それは歯の形であった。サメの歯は普通、三角型で、あるいはナイフ状だ。いずれも獲物の皮と肉と切断する形で、その切れ味は凄まじい。ホホジロザメが人を襲った例では人の胴体の半分を骨と肝臓ごと、ぱっくり嚙み取っていった例がある。だがラブカの歯はそうではない。彼らの歯は針のように尖っていて、なおかつ三叉の槍状になっている。このつくりは古代ザメ、クラドセラケとよく似ている。

これもまたラブカが古代ザメであるという証拠のひとつだったのだが、根拠としてかなり疑わしい。なぜかというに、関係ない動物でも、同じものを食べている場合、歯の形がよく似てくること。これは普通だからである。進化とは有利を蓄積する過程だ。有利とは最適解ということであり、最適解というやつはそう多くない。それは2、3個だったり、あるいはたったひとつしかないことがある。だから進化の過程で有利が蓄積した結果、異なる動物が同じ最適解へと行き着くことは普通にある。ゴールがひとつしかないのなら、そりゃあ全員が同じ場所へくるだろう。ましてや歯は動物にとって命の糧である食料を処理する器官だ。最適解を選ぶという進化的な必然性は極めて高い。

こういう場合、歯以外の手がかりを見ればいい。なるほど、同じものを食べれば歯が似るという必然性はある。しかし、体の他の部分はその必然性に従わない。だったら歯だけでなく体の各部を比較すれば良いではないか。もしラブカが古代ザメならば、歯以外にも古代ザメとの共通点があるだろう。しかし残念だが、結論は既に見た通りだ。ラブカの胸ビレは現代型のサメであるし、顎のつくりも現代型のサメだ。ラブカとクラドセラケの歯が似ているのは、結局のところ他人のそら似であった。

このようにラブカは古代ザメではなかったわけだが、ではラブカの針のような歯は一体何かというと、これはどうやらイカなどを捕まえることに適応したものらしい。まずラブカの主食はイカだ。そして針状の歯を持つ現代型のサメは他にもいるが、彼らはいずれもイカを食べる。針状の歯は獲物を切り裂くというよりは突き刺す役割を果たす。イカ

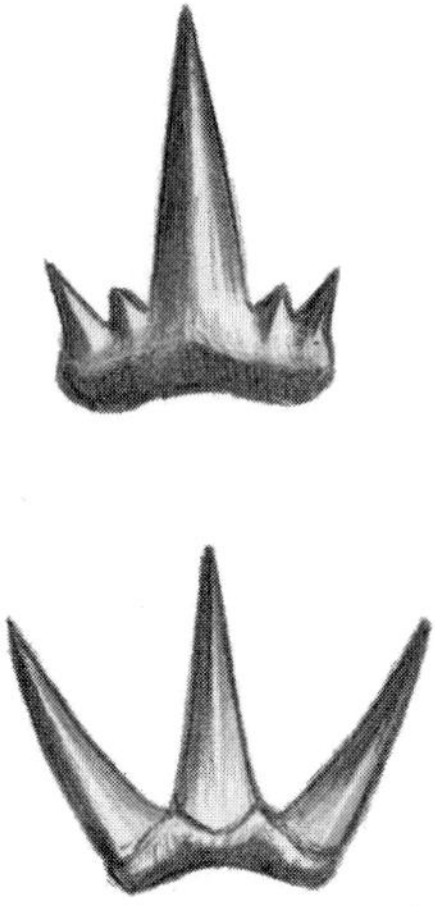
クラドセラケの歯（上）とラブカの歯（下）。どちらも三叉槍型をしているが、これは他人のそら似であった。

のような柔らかい獲物を押さえ込むには、針のような歯の方が好都合であるらしい。ラブカは深海の海底をゆっくりと泳ぎ、イカを見つけては捕まえて飲み込んでいるのだろう。

3　ミツクリザメ――古代の巨大肉食魚の正統な後継者

†生前の雄姿

残念ながらラブカは古代ザメではなかった。だが古代ザメと言える存在は実在する。それがミツクリザメ。これも深海ザメであり、異形な姿をした醜い魚である。長く突き出た鼻面。口もくちばしのように突き出ていて、鋭い針のような歯が並ぶ。

英語ではゴブリンシャーク。ゴブリンとは西欧の民話に登場する醜い小鬼のこと。まさにこの怪物じみた魚にふさわしい名前だが、実はこのゴブリンという英名、日本の天狗のことである。このサメはオーストンという人が明治時代の日本で見つけた。彼の証言によると神奈川の漁師たちはこの魚をテングザメと呼んでいたという。この天狗の部分がゴブリンに英訳されたのである。ちなみに天狗の翻訳にはゴブリンの他にエルフィン（いたず

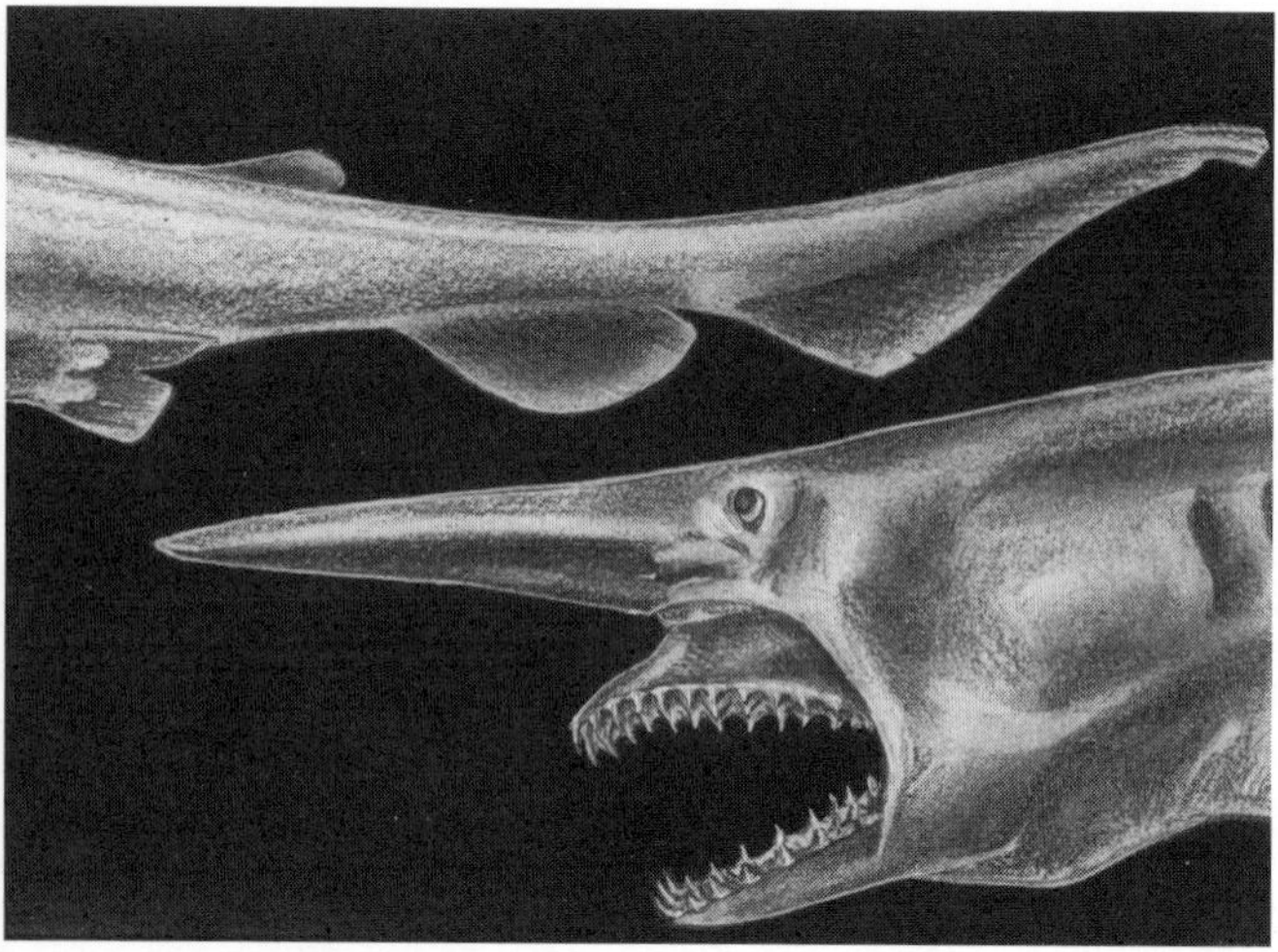

ら妖精）という候補もあった。
今ではテングザメという本来の呼び名は忘れ去られてしまった。そしてミツクリザメは醜い魚と書いてきたが、それは採取されて死んだ標本になった後の話。生きている時のミツクリザメは美しい姿をしている。私は以前、死んで間もないミツクリザメを触ったことがある。神奈川の海で網にかかったもので、残念ながらすぐに死んでしまい、新江ノ島水族館でほんのしばらくの間、公開されていたサメだ。氷水に満たされた容器の中に浮かぶ、すらりとした姿。触ると体はぷよぷよ。こんな柔らかい体では、水から出されたら重力に抵抗できずに体型が崩れ

ミツクリザメ（*Mitsukurina owstoni*）は全長３〜４メートル。水深数百から1000メートルにすむ。サメは顎を突出させて獲物を捕まえるが、ミツクリザメはこの能力が顕著だ。普段、顎は上のように収納されているが、いざとなると右のように突き出すことができる。こうした奇怪な風貌からもともとはテングザメと呼ばれ、英語ではゴブリンシャークの名がついた。

てしまうだろうし、体の水分が多いこともわかる。実際、ミツクリザメを保存のために薬液につけると、脱水して体はしなびて、しわがより、よじれてしまう。私たちが画像で見るミツクリザメの醜い姿はその結果でしかない。

皮膚は白くて色素が薄く、血液が透けて見えるのでややピンク色がかっている。長い鼻先は平らで扁平で、シャベルやスコップ、あるいは農機具の鋤《すき》に似た形をしている。透き通るような白い肌のせいで、鼻を内部で支える軟骨もなんとなくわかる。

さらにミツクリザメの特徴である突き出た悪魔的な顎は、いつもは収納されている。本来の体型は優美なまでの流線形だ。しかし顎のあたりを手で軽く摑むと、なんの抵抗もなく、にゅっと顎が突き出て、細い針のような歯があらわになる。しかし力をゆるめると、すっと引っ込む。これほど抵抗なくスムーズに動くのは驚きだ。サメは顎を突き出して獲物を捕まえる。ミツクリザメはこの能力が顕著だが、それを実感した瞬間だった。

†学名命名の基準

ミツクリザメは大きさ2〜3メートル。しかし深海で撮影された映像にはもっと大きいと思われる個体がいて、最大5〜6メートルに達するという推論もある。すんでいる水深は深さ数百から1000メートル。歯は針のように尖った形で、生活の仕方や食べ物はラブカと少し似ている。そしてラブカと同様、ミツクリザメも開国した日本における発見ラッシュで見つかった。オーストンによって発見された標本が、新種として論文になったのは明治31年（1898年）。この時、アメリカの魚類学者ジョーダンによってミツクリナ・オーストニ（*Mitsukurina owstoni*）の学名が与えられた。

ミツクリザメの学名には歴史があり、たくさんの人が登場する。学名のミツクリナ、和名にもついているミツクリとは日本の動物学者、箕作博士のこと。箕作博士は開設されて間もない東大で動物学を担当し、日本の科学発展に貢献した人だ。箕作博士は他の深海魚にも名前を残している。

一方、学名の後半についているオーストニは、最初に登場した発見者オーストンのこと。イギリス人のオーストンは明治時代の横浜で貿易商を営んだ人で、自然に興味を持ち、標本採集をしていた。このオーストンが見慣れぬサメを採集して東大に送り、箕作博士がその標本を魚類学者ジョーダンに送り、ジョーダンの手によって新種として報告されたのである。つまり、ミツクリナ・オーストニという学名は、発見者のオーストンと箕作博士の両名に敬意を表してつくられたものだった。

さて、この物語には続きがあり、ここからが生きた化石としての話になる。ミツクリザメ報告の翌年、1899年、イギリスの古生物学者ウッドワードは、ミツクリザメは古代ザメ、スカパノリンクスの生き残りだと気がついた。

スカパノリンクスは恐竜時代後半に栄えたサメで、化石を見ると、スカパノリンクスの姿はぎょっとするほどミツクリザメだ。ほっそりとした体、細長くシャベル状に突き出た鼻先。スカパノリンクス（*Scapanorhynchus*）という名前も、これはギリシャ語で鋤《すき》を意味するスカパネ（σκαπανη）と鼻先を意味するリンコス（ρυγχος）を組み合わせたもの。つま

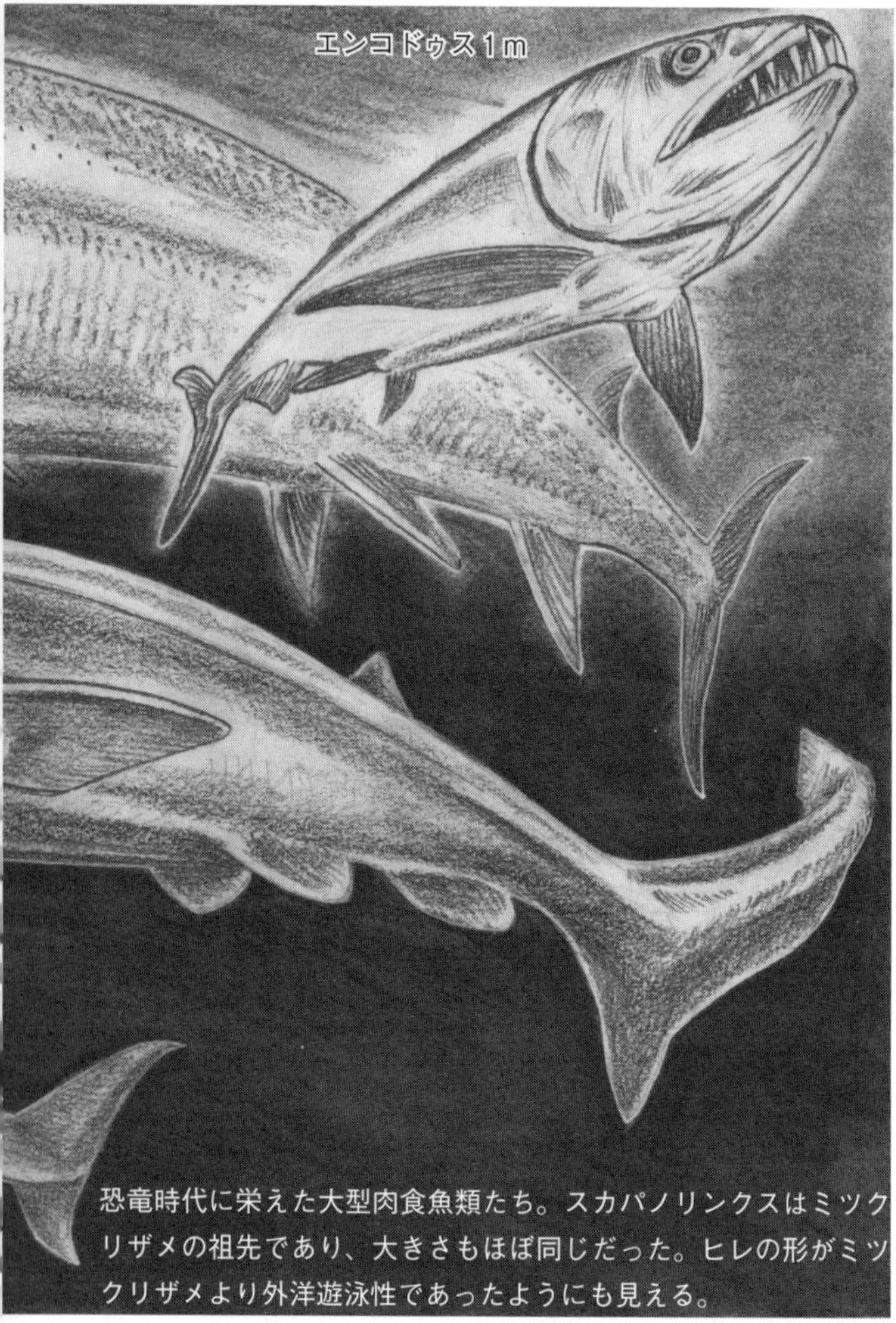

恐竜時代に栄えた大型肉食魚類たち。スカパノリンクスはミツクリザメの祖先であり、大きさもほぼ同じだった。ヒレの形がミツクリザメより外洋遊泳性であったようにも見える。

これら大型肉食魚たちは6500万年前の隕石衝突で絶滅し、ミツクリザメだけが残った。

クシファクティヌス
5m
スカパノリンクス 3m
スクアリコラックス 3m

りミツクリザメの特徴的な鼻先に由来する命名なのである。

このことに気づいたウッドワードは、ミツクリザメはスカパノリンクスの生き残りであり、その学名もスカパノリンクス・オーストニにするべきだと主張した。学名の前半部分がミツクリナからスカパノリンクスに変わっている。学名は前後2つの部分からなる。名字と名前からできていると思えばいい。新種なので山田太郎さんという名前をつけたが、どうも鈴木さんの家族らしい。だから鈴木太郎にした方が良い。ミツクリナ・オーストニをスカパノリンクス・オーストニに変えるとはそういうことである。

ウッドワードの主張は説得力がある。これに従う人も多かった。しかし最近は両者を元どおり、別の名字にするのが一般的だ。理由はある。二つの魚はよくよく見るとヒレの形が少しだけ違う。しかし……その違いはほんのわずかだ。これならやっぱり同じ名字スカパノリンクスで良いのでは？　だがもしも次のように言われたらどうか。片方は1億年とか6500万年前の化石であり、もう片方は現在の生きているサメだ。それなら違う名字でも良いだろう？　なるほど、それはそれで納得だ。

つまりこう考えれば良い。ミツクリザメとスカパノリンクスは見た目がそっくりだ。しかしヒレの形がちょっとだけ違う。さらに片方は現在の海にすむ生きたサメであり、もう片方は恐竜時代の化石である。こういうこともあって名字を分けている。だが、ミツクリザメがスカパノリンクスの子孫であり、その生き残りであることは間違いない。ゆえにミツクリザメは古代ザメであるのだと。

†古代ザメ「スカパノリンクス」の生態は?

しかし、見た目のそっくりさと裏腹に、ミツクリザメとスカパノリンクスはだいぶ違う魚だったかもしれない。現在のミツクリザメは深海で海底を泳いでいる。祖先であるスカパノリンクスもそうだったのだろう。こう考えるのが当たり前なのだが、どうも違う。たとえばスカパノリンクスの化石はアメリカの中央部からも見つかる。今では乾燥した平原や荒地になっているこの場所は、かつては海だった。

恐竜時代は火山活動が盛んであった。こういう時、海の底をつくる岩石は熱で膨張する。言ってみれば海という湯船の底板が膨らむ。膨らんだ分だけ水があふれる。あふれた水は大陸の低地に流れ込む。こうして恐竜時代、北米の中央部は海となった。しかしもともとは陸地だ。この海はさほど深くない。報告される水深は概して浅く、100とか300メートル。つまり海自体が、現代のミツクリザメがすんでいる水深より浅いのである。

それにスカパノリンクスの化石は陸上動物の化石と一緒に見つかる場合がある。陸の生き物の骨や歯が流されてくる場所とは、相当陸地に近いはずだ。スカパノリンクスは深海魚ではなく、浅い場所にすんでいた。

さらに言えば、そもそもスカパノリンクスは海底を泳ぐ魚なのだろうか？　実はこの肝心な部分もよくわからない。海底にすむ魚も、海面を泳ぐ魚も、死ねば沈んで、海底で化石になる。すむ場所が違っても同じ場所で化石になってしまうわけで、このままでは生前、海面を泳いでいたのか、それとも海底を泳いでいたのかわからない。

ただ、カナダにあるカスカパウ累層では、スカパノリンクスは見つかるが、海底にすむ魚が見つからない。どうも当時、この場所の海底は無酸素状態、つまり酸素のない状態だったようだ。動きの淀んだ水の底は酸素が欠乏し、ついには無酸素になり、動物がすめなくなる。当然、海底にすむ魚はここにはいない。だがスカパノリンクスの化石は見つかる。これは、スカパノリンクスが海底ではなく、酸素が届く海の上の方、つまり大海原を泳ぎ回っていた証拠ではないだろうか？　明瞭なことはいえない。しかし現在のミツクリザメと恐竜時代のスカパノリンクスはかなり違った生活をしていた可能性があることはわかるだろう。

スカパノリンクスが栄えたのは1億2000万年前から6500万年前までのことだ。彼らが泳ぐ海の上ではプテラノドンが飛び、モササウルスの仲間がゆうゆうと泳いでいた。これら大爬虫類たちだけではない。様々な肉食魚も栄えていた。3メートルの肉食ザメであるスクアリコラックス、1メートルの肉食魚エンコドゥス、5メートルに達する巨大な肉食魚クシファクティヌス。これら奇怪な肉食魚類たちと共にスカパノリンクスは生きていた。

しかしこれら大いに栄えた巨大肉食魚のうち、生き延びたのはスカパノリンクスだけだった。6500万年前に地球に巨大隕石が衝突して、生態系は壊滅的な打撃を受ける。共に生きた大爬虫類たちも巨大肉食魚たちも、そのすべてが滅び去った。なんとか生き残った彼らがどこでどうしていたのかわからない。

ともあれ、スカパノリンクスは子孫を繋いだ。しかし、海の浅い場所は新しく進化してきた魚たちのものになった。スカパノリンクスの子孫は明るい場所へは帰れなかった。その代わり、ミツクリザメとして深海の海底で餌を探すようになった。恐竜時代に大繁栄した巨大肉食魚たち。その唯一の生き残り。かつての栄光の残り香。これこそがミツクリザメ。彼らこそ、恐竜時代の栄華を今に伝える生きた化石なのである。

4　ウバザメ、メガマウス、ニューネッシー――人は見たいものしか見えない

†ニューネッシー熱狂の陰で

深海にはミツクリザメとか、あるいは後で登場するシーラカンスのような古代生物の生き残りがいる。ここに多くの人がロマンを見出した。古代生物が深海にすんでいるのなら、深海には恐竜の生き残りもいるのではないか？　恐竜とはこの場合、首長竜とかモササウルス、イクチオサウルスなどのことである、もちろんこれはいろいろな意味で間違いだ。首長竜たちは爬虫類ではあるが恐竜ではない。それにそもそも肺で呼吸する。首長竜たちがもしも生き残っていたら、彼らは海面近くを泳いで呼吸し、時折り深く潜って餌を探しているだろう。ずっと深海にひそむなんてことはない。

しかしロマンとは理屈ではなく、人間の認識に沿って展開するものだ。こうして登場し

たのがニューネッシーであり、そして無視されたのがメガマウスであった。しかもこの両者、〝発見〟されたのがほぼ同時期だった。

メガマウスが発見されたのは1976年。この魚は正真正銘の実在する新種であり、しかも発見第1号は全長4・5メートルに達する巨体であった。こんな巨大な生物がこれまで人に知られてこなかったわけで、この驚きを「新種のゾウがぶらぶらと庭に入ってきた」と表現した人もいる。だがこの新発見は当時、ほとんど何のニュースにもならなかった。この時、私は小学生だったがこの発見を聞いた覚えはない。理由はおそらく単純で、メガマウスの見た目がクジラだったからだろう。外見がありきたりなので人の認識の琴線に触れなかった。こうしてメガマウスの発見には誰も注目しなかったのである。

†ニューネッシーのヴィジュアル分析

ニューネッシーが〝発見〟されたのは翌年の1977年。こちらは誰もが知るニュースになったし、新聞の一面を飾り、日本中がこの話題で持ちきりとなった。私もこちらはよく覚えている。実際のところニューネッシーの正体はウバザメだったのだが、見た目が首長竜であった。だから人の認識の琴線に触れて大騒ぎになった。ちなみにウバザメは浅い

1977年4月25日、日本のトロール漁船、瑞洋丸はニュージーランドの東沖合56キロ、水深300メートルから10メートルあまりに達する大型動物の死体を引きあげた。

この死体はニューネッシーと呼ばれたが、正体はウバザメだった。
下半身に対になった棒状の突起があるが、おそらくこれは腹ビレを支える軟骨であり、特徴からするとオスかもしれない。

参考のため比較的ニューネッシーと体型が似ている首長竜マイヤーラサウルスの骨格を示す。首長竜の頭骨は扁平で歯はスパイク状で乱杭歯。胸の骨は板状で頑強。胴体腹面には腹肋骨というものがあって、胴体は短く箱型になる。こうした構造はニューネッシーにはまったく見られない。

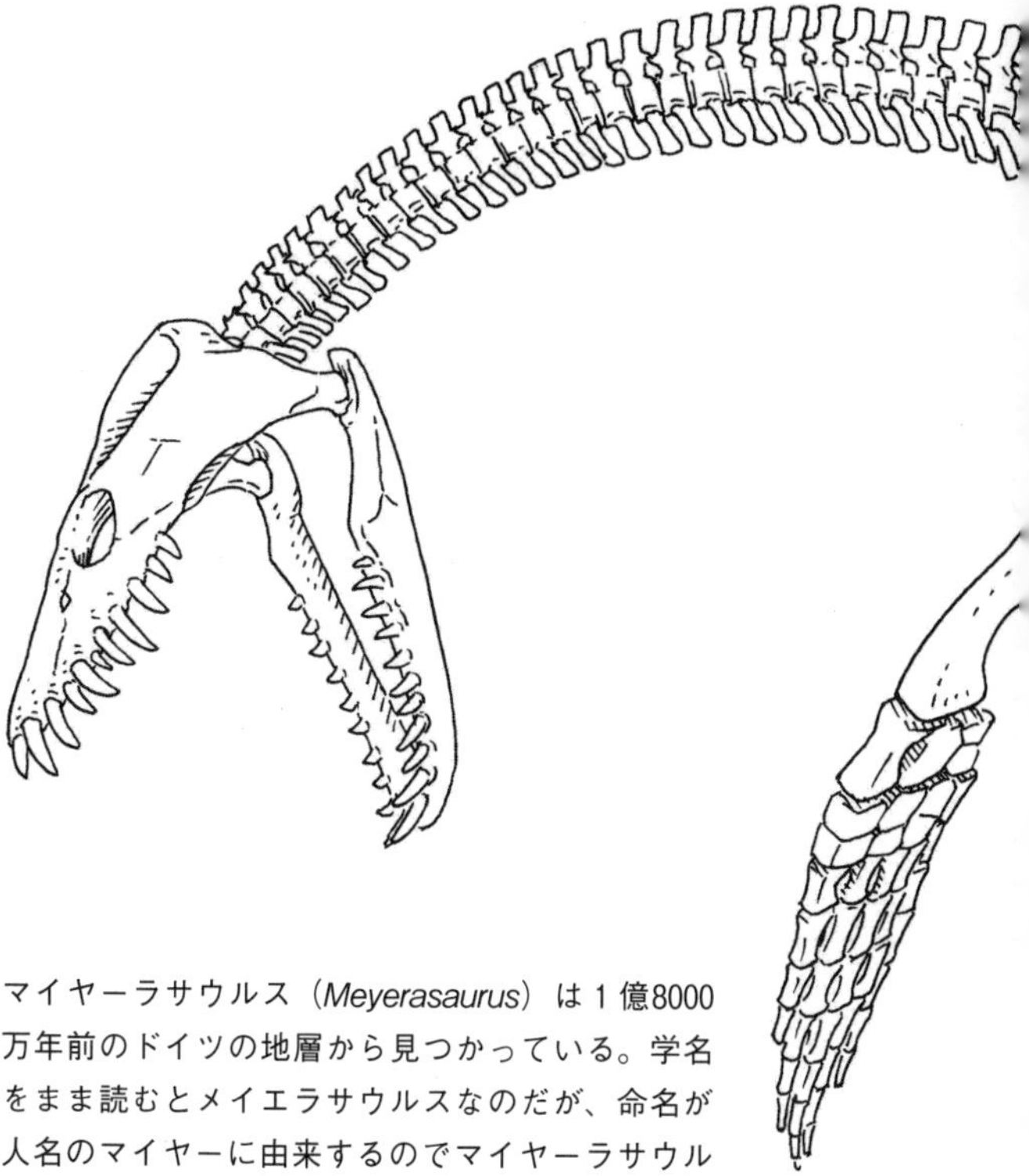

マイヤーラサウルス（*Meyerasaurus*）は1億8000万年前のドイツの地層から見つかっている。学名をまま読むとメイエラサウルスなのだが、命名が人名のマイヤーに由来するのでマイヤーラサウルスと表記した。全長は4.2メートル。

場所をすみかにするサメなので、厳密に言えばこの本で取り上げるのはおかしい。しかしウバザメはニューネッシーの正体であり、これゆえに深海のロマンに強くかかわっている。それに詳しくは後述するが、ウバザメは一年のかなりの時間を深海で過ごす半深海魚とも言える存在だ。ニューネッシーがらみでこの本に登場する分には問題あるまい。

さて、ニューネッシーから話を始めよう。ニューネッシーはニュージーランドの東方沖合で操業していた日本のトロール漁船が、水深300メートルあまりの海底から引きあげた死骸だ。

大きさは10メートルほど。見た目は首長竜なのだが、よく見ると首長竜とまるで違う。まず体型。吊り下げられた姿を見ればわかるが、ニューネッシーは上半身こそ首長竜っぽいが、下半身が妙に長い。これは体をうねらせて泳ぐ生物、たとえばサメの特徴だ。サメは体のうねりが推進力を生み出す。うねりを生み出す必要がある以上、サメは体が長くなる。これに対し、首長竜は前後の足で泳ぎ、そのヒレが推進力を生み出す。だから本物の首長竜は体が短く、そのつくりは剛直で箱状だ。ニューネッシーのように体がだらりと長々垂れ下がったりはしない。

頭の形もおかしい。ニューネッシーの頭部は団子状だ。これに対し、首長竜の頭骨は側面から見れば先細りで上下は平ら。つまり本物の首長竜なら、頭はこんな塊のような形にはならない。それにニューネッシーの頭には顎が見えないし歯も見えない。ほとんどのっぺらぼうである。これは非常におかしな点だ。首長竜なら乱杭歯で歯が非常に目立つし、顎もある。顎が落ちたのなら頭部はもっと平らな形になるはずだし、下顎が落ちても上顎は残るわけで、歯は必ず見える。だからニューネッシーの歯が見えないのは不自然極まりない。しかしこれをサメの頭蓋だと考えると特徴は通る。サメの頭蓋は箱状で肉に包まれている。肉がまだ残っていれば頭蓋は不明瞭な団子状になるだろう。

余談めいた解説をすると、起源的、かつ構造的に言えば、サメの頭蓋を外骨格で覆ったもの。それが首長竜の頭骨であった。脊椎動物の頭蓋とは、元々は脳を覆う軟骨にすぎなかった。サメはこの古いつくりのままの構造をしている。サメの脳は軟骨に覆われ、その外側が分厚い肉に覆われているので、死ぬと頭蓋は肉がこびりついた団子状になる。だからニューネッシーの頭部には明確な輪郭がない。

一方、サメよりも派生的な脊椎動物は進化の過程で、脳を収める軟骨をさらに骨の板で覆って装甲した。しかも本来の頭蓋の周囲にあった筋肉もろとも覆っている。こうしてできたのが私たち人間や首長竜の頭骨であった。これゆえ、人間も首長竜も、その頭部は外

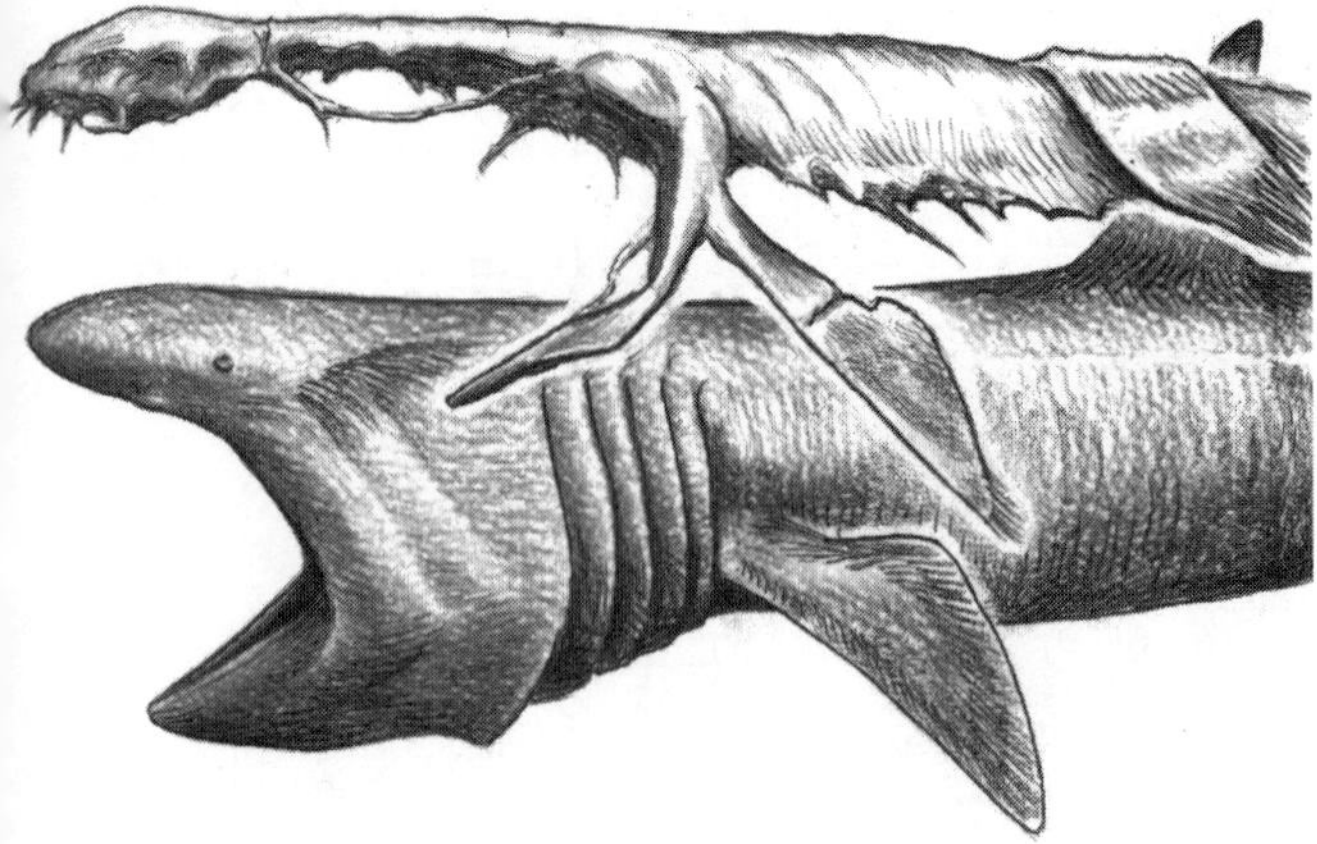

骨格的になった。だから死んで肉が分解しても固い頭骨が残るし、明瞭な輪郭を必然的に持つようになる。要するに首長竜の頭部はその構造上、ニューネッシーのような不明瞭な団子状になったりはしない。

ニューネッシーはヒレの形もおかしい。ニューネッシーの前ビレを見ると直角三角形をしていることがわかる。首長竜のヒレはこういう形をしていない。首長竜の祖先は陸にすんでいた。人間もそうだが陸上にすむ脊椎動物の手と足はほぼ左右対称の形をしている。首長竜も同様で、ヒレはほぼ左右対称(前後対称)だ。要するにニューネッシーのヒレは、形が首長竜とは全然違う。このチグハグさもニューネッシーがウ

左はニューネッシーを背後から見た略図。背ビレが右に折れていることが分かる。一部の人はこの背ビレを首長竜の右後ろ足だと誤認した。

右ページはニューネッシーとウバザメの比較。ウバザメは顎と鰓が大きく、それらが分解して落ちると首長竜のような残骸になる。なお、ここでは比較しやすいように背ビレを手前（左側）に倒して図示している。

バザメだと考えると理解しやすい。ウバザメのヒレは直角三角形だから。

　そして極めつきはニューネッシーを背後から撮影した画像だろう。一見すると首長竜の右後ろビレと思われるものが写っている。しかしこれ、よく見ると背中の正中部分から右に倒れていることがわかるだろう。要するにこれは背ビレであった。首長竜に背ビレはない。しかしサメなら背ビレがある。そして背ビレが倒れたことで組織が裂けて内部構造が露出している。そこになにやら繊維状のものが見えるが、これはサメのヒレで見られる特徴だ。

　以上からわかるようにニューネッシ

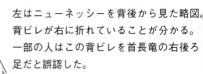

ーはサメの死骸だった。10メートルという巨大さ、ニュージーランド近海から見つかったことを考えると、該当するのはウバザメである。サメは脳を収める頭蓋があり、その下に顎がある。そしてその顎がつり下がった構造であること。これはラブカのページで説明した通りだ。だから死んで肉体がもろくなるとサメの顎は落ちてしまう。さらにサメの顎の後ろにはエラを支える組織があるが、分解が進むとこれも落ちてしまう。すると長い背骨と小さな頭蓋だけが残る。こうして首長竜のように見える姿になる。そういうことだ。

†ニューネッシーの正体は一目瞭然

もちろんロマンという沼に呑まれた人はなおもニューネッシーにすがるだろう。彼らは次のように言う。ニューネッシーがウバザメだというのはあくまで解釈であり仮説でしかないのでは？　この主張は正しい。しかし世の中のすべてはそもそも推論であり仮説だ。たとえば、昨日の私と今日の私が同一人物であるという当たり前なこと。昨日のあなたと今日のあなたが同一人物であるということ、つまり自分が自分である、この確信も事実ではなく、単なる仮説なのである。私たちは記憶という断片的な証拠で自分が自分であると推論しているに過ぎない。

こんな話がある。気がついたら崖の下に倒れていた。なぜここにいるのか、そもそも自分が誰だかも思い出せない。周囲の様子からするとここは南の島らしい。散らばっている道具からすると何かの調査をしていたように思われた。自分のポケットの財布に名刺が入っている。同じ名刺が複数あることからすると、これは人からもらったものではない。自分が他人に配るためのものだろう。つまりこの名刺に書かれた名前こそ自分なのだ。肩書からすると自分は大学の人間であるらしく、だとしたら研究のために調査していたのだろう。だから名刺に書かれた電話番号に連絡した。すみません、私は誰ですか？

これは実際にあった話であり、自分が自分であるという明白な事実が、実はデータから推論された仮説でしかなかったことが露呈した話でもあった。

この世に事実はない。事実と信じているものも、それらのすべては究極的には仮説である。だから仮説であるから信じないというのは、主張としてはまったくの無意味だ。その仮説が手堅いか、もろいか、ここを判断しなければならない。夢を追いかける人は不都合な事実を目の当たりにすると、100パーセント黒ではないとか駄々をこねるが、それは詭弁だ。証拠が全体としてどこを示しているか？　そこで判断しなければならない。夢見る人だって、普段はそうしているではないか。

そして皆さんがいつも行なっているこの判断基準に基づけばニューネッシーはウバザメなのである。ニューネッシーは人の認識から生まれた存在だった。深海に恐竜が生き残っているという、夢はあるが不正確な認識。この誤認識がウバザメの死骸を首長竜に思わせて、人の心をかきたてたのである。

†米海軍船にからまった巨大オタマジャクシ

さて、ニューネッシーとは反対に、紛れもない新種であるにもかかわらず、それこそ深海に潜む未知の大型動物であったにもかかわらず、まったく誰からも一切全然これっぽっちも注目されなかったのがメガマウスであった。もちろん研究者は驚いた。1976年にこれを発見したのはアメリカ海軍の調査船で、しかも錨《いかり》にからまっているところを見つけるという、予想もできない発見だったからである。

錨というと私たちが思い浮かべるのは、それこそ錨型をした鉄の塊だが、調査船が用いたのはパラシュートを用いた錨だった。船はそのままだと風に流される。だから錨を下ろすのだが、錨が届かぬほど深い海ではどうするか？　こういう時は、たとえば流れる海の水へ長い綱を流す。すると綱にかかる水の抵抗で船は風に流されにくくなる。綱にパラシュートをつければ水の抵抗はより大きくなって船は止まる。ハワイの沖合で調査中のアメリカ海軍の調査船もこのパラシュート型の錨を使った。そして調査を終えて錨をあげたら、でっかいサメがからまっていた。しかも見たこともないあからさまな新種である。そりゃあ、びっくり仰天で度肝を抜かれるだろう。

すでに述べたようにこのメガマウス第一号の全長は4・5メートル。重さは750キロあった。サメには違いないが奇妙に頭でっかちで、ただでさえ大きなその頭に、さらにでっかく丸い口がついている。それゆえにメガマウス、すなわち巨大な口を意味する通称がついた。日本語でもメガマウスザメ。頭でっかちで尻すぼみな体型。色が黒いこともあってクジラのようにも見えるし、馬鹿でかいオタマジャクシのようにも見える。

人類は19世紀終わりまでには地球上の生物種のほとんどを調べ尽くした。だから今時になって新種報告と言っているものの、それらはほぼ例外なく、すでに見つかっている動植物の近縁種とか亜種であるとかそんな程度のものである。科学的な意味はともかくとして、新種報告のほとんど全部はふかしすぎだとも言える。そして新種とは、そのどれもが人間の目をまぬがれてきた、目立たない、小さな動植物であるのが普通だ。

ところがメガマウスはそうではない。こんな体型をしたサメはこれまで見つかったこと

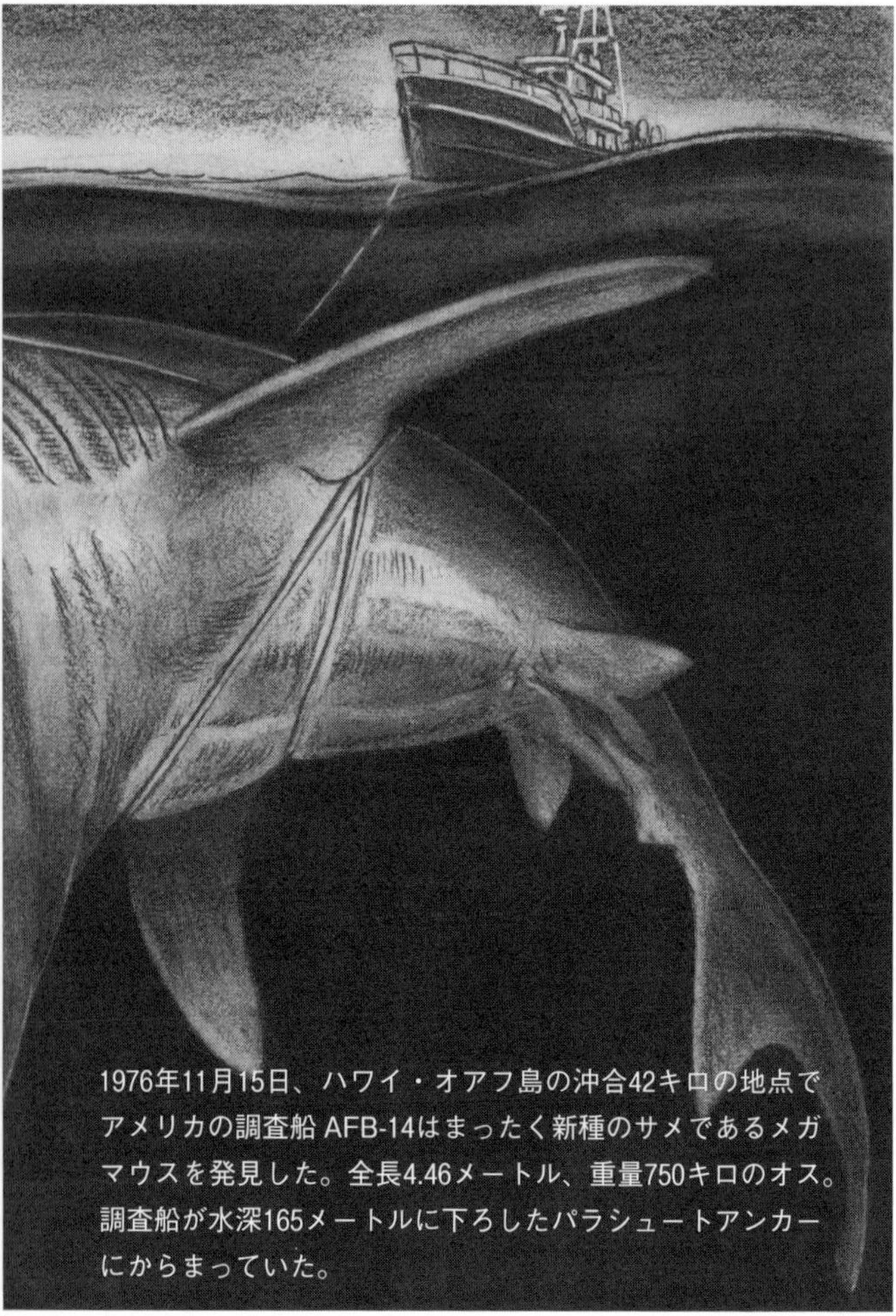

1976年11月15日、ハワイ・オアフ島の沖合42キロの地点でアメリカの調査船 AFB-14はまったく新種のサメであるメガマウスを発見した。全長4.46メートル、重量750キロのオス。調査船が水深165メートルに下ろしたパラシュートアンカーにからまっていた。

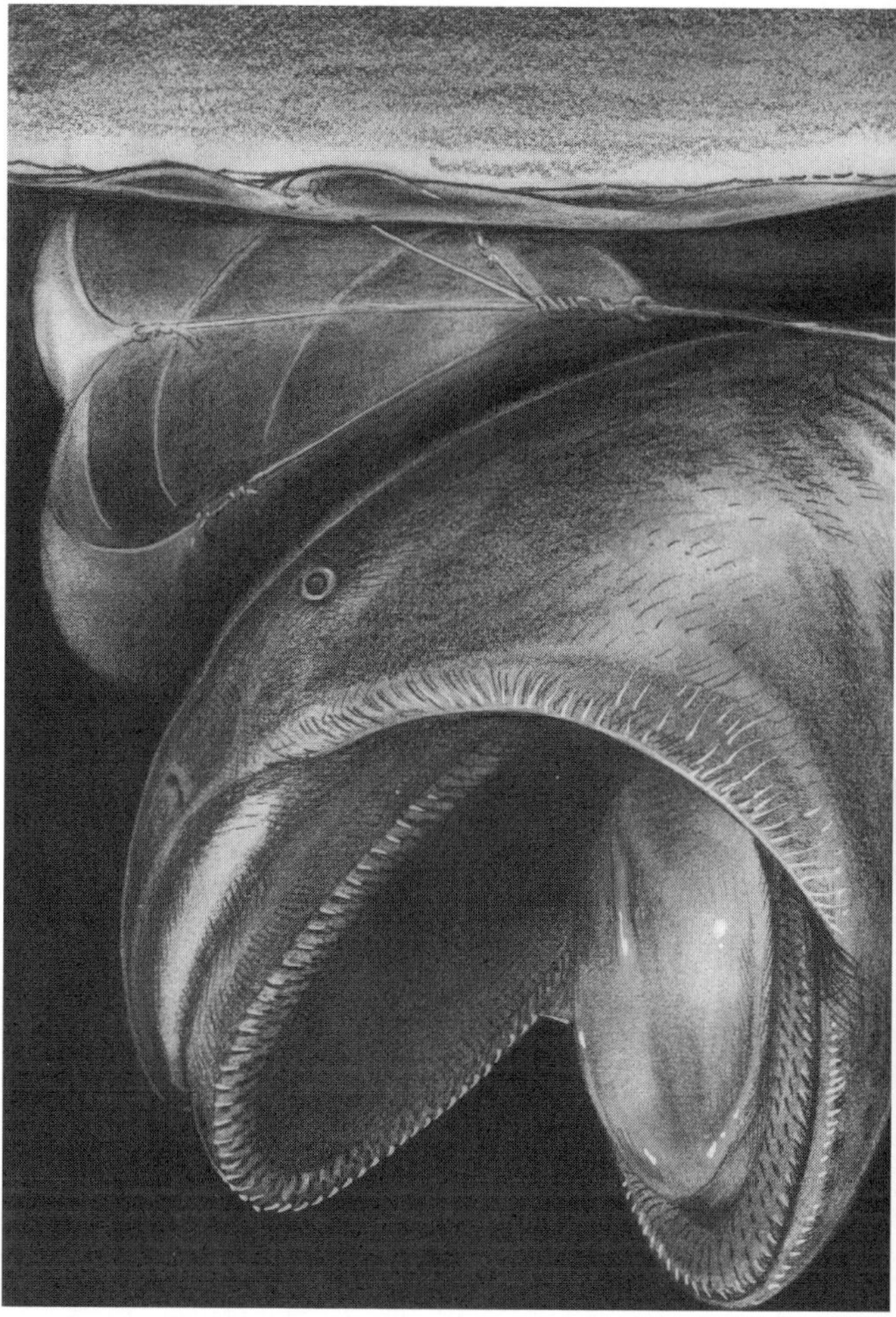

がない。類縁種というものがまったくいないのだ。しかもそんな孤立した新種が4メートルもある巨体とは！

1976年のこの驚きの発見以来、世界各地からメガマウスが見つかるようになる。しかしこれ、真面目に考えれば奇妙な話ではないか。メガマウスは太古からこの地球に存在してきた。化石を見れば1600万年前にはメガマウスがいたことがわかっている。絶滅した類縁種、つまりメガマウスの祖先と思われる化石なら、さらに古い時代から見つかる。このように何千万年という歴史を持つメガマウス。ところが1976年以前には報告がない。まるでそれまで地球に存在しなかったかのように。だが発見されるや否や、今度は世界中から次々に報告されるようになる。なんとも奇妙な話だが、これは人間の認識が原因だろう。

†気づかれなかった新種の巨大魚

こんな話がある。1988年8月18日。第三のメガマウスが発見される。場所はオーストラリア南西部の町マンジュラ。そこの海岸に5メートルのメガマウスが打ち上げられたのだが、実は発見の前日、海岸でサーフィンをしていた人たちがすでにこのメガマウスを見つけていた。しかし彼らはこれをクジラだと思った。浅瀬に迷い込んでいるのだろう。そう考えたサーファーたちはそのクジラ(メガマウス)を沖合へと誘導したのである。だが翌朝、「クジラ」は海岸に打ち上げられて死んだ。そして、報告を受けて調査した西オーストラリア州立博物館によって、この「クジラ」が実はメガマウスであることがわかったのだった。

メガマウスは1976年になって、突然、この地球に出現したわけではない。それ以前から目撃もされたし、漁師の網にもかかっていたはずだ。海岸に打ち上げられてもいただろう。だが誰もこれを新種とは思わなかった。クジラか何かだろう。そう思って誰も注目しなかった。そういうことがオーストラリアのエピソードからわかる。なるほど、生物としてのメガマウスには長い歴史がある、しかし人類の認識論的に言えば、メガマウスは1976年になって初めてこの地球上に出現したのだった。

そこにいるけれども見えないが、しかし認識すれば見えるようになる。メガマウスとはそういう存在である。反対に、ニューネッシーはありもしないものを人が見た例であった。これは次のことも語っている。本当の発見とはロマンの彼方にはない。真の未知とは日常の裂け目の向こう側にいる。つまるところロマンを追い求める人間が、ロマンに出会うこ

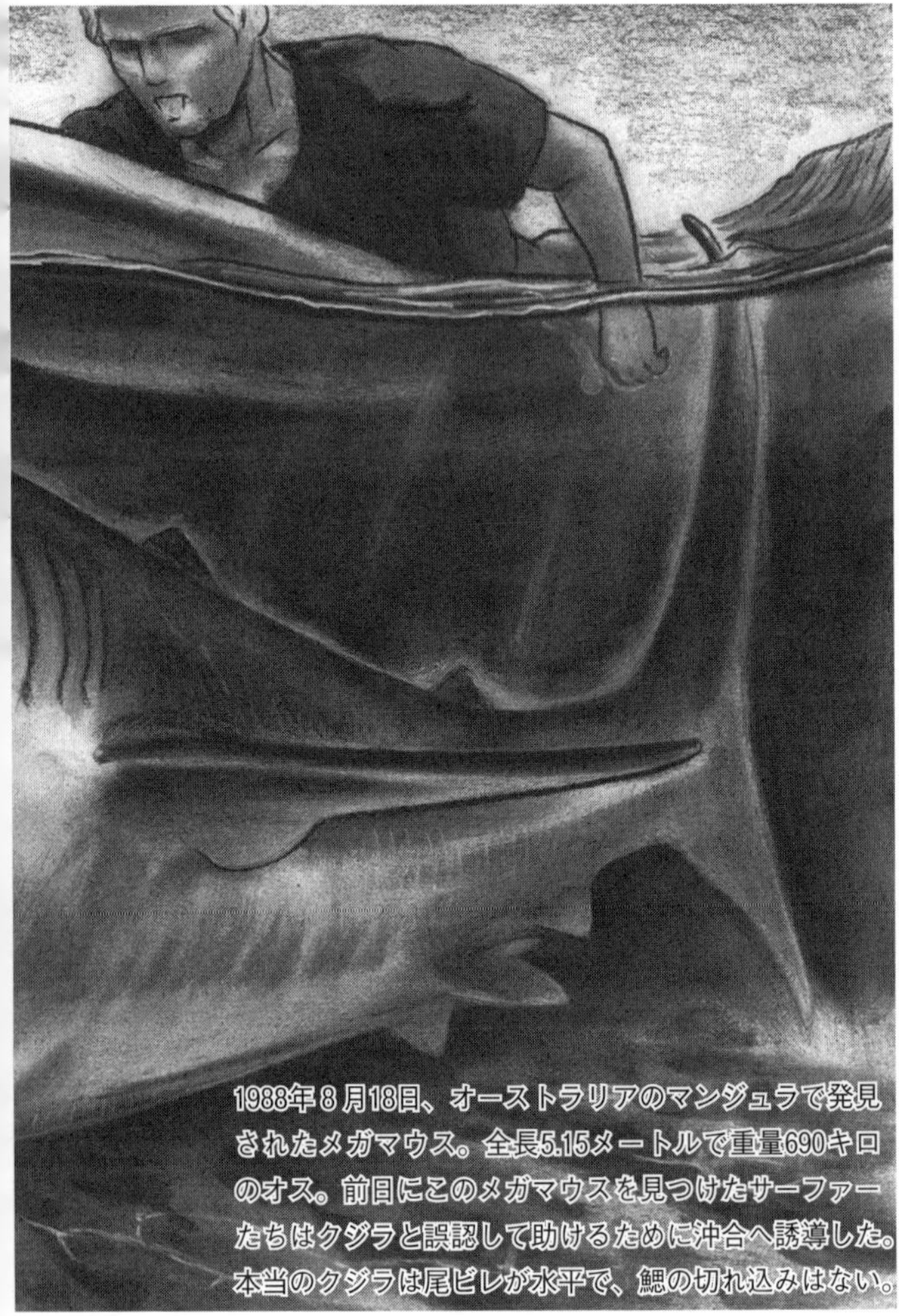

1988年8月18日、オーストラリアのマンジュラで発見されたメガマウス。全長5.15メートルで重量690キロのオス。前日にこのメガマウスを見つけたサーファーたちはクジラと誤認して助けるために沖合へ誘導した。本当のクジラは尾ビレが水平で、鰓の切れ込みはない。

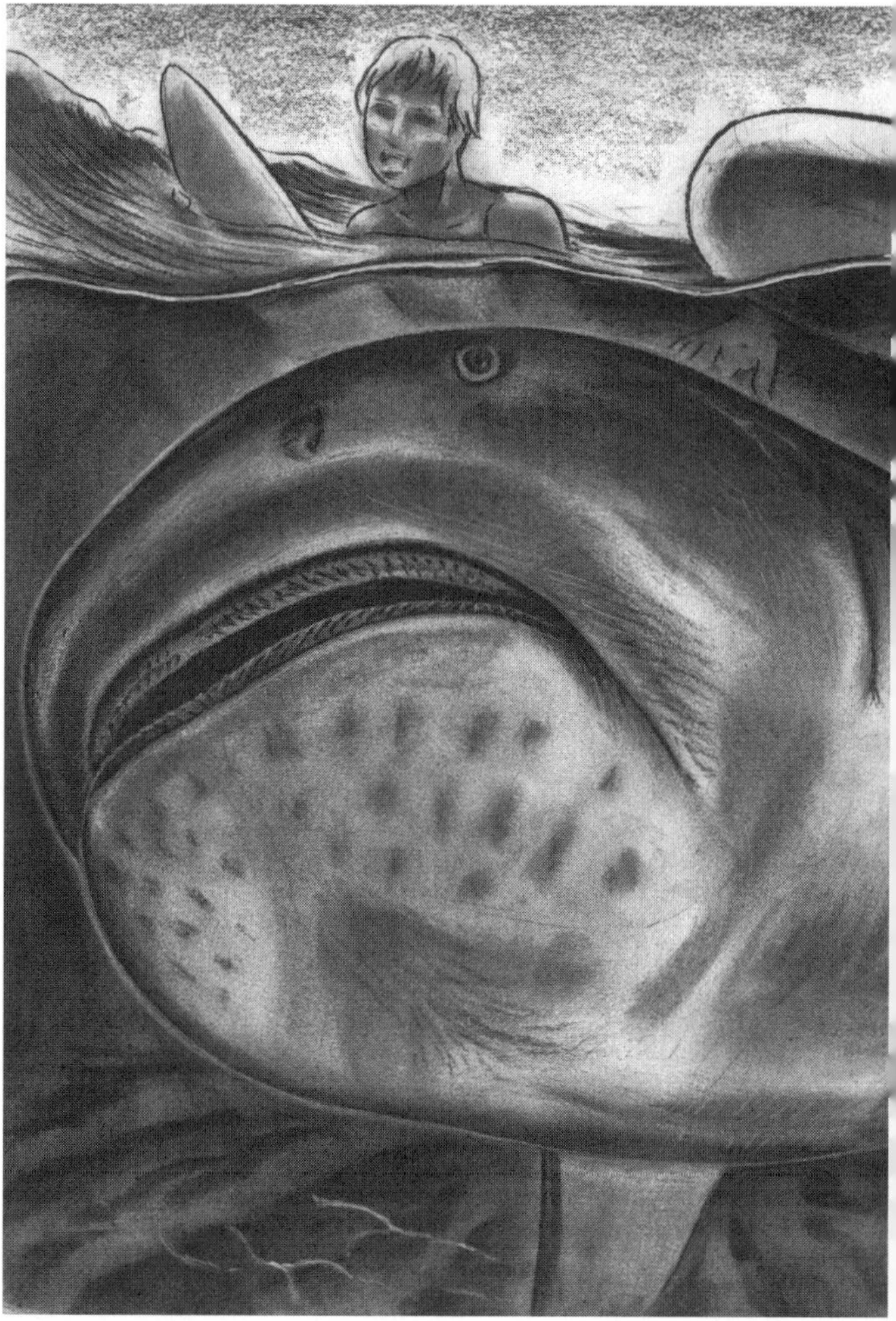

とは絶対にないということだ。

†魚竜に見間違えられたウバザメ

さてさて、少し現実的な話で、なにやら悲しく感じてしまうところだが、ここからは現実に潜む謎と不思議の話をしよう。まずニューネッシーの正体であるウバザメについて少し語る。

ウバザメ（*Cetorhinus maximus*）は全長8メートルぐらい。中には10メートルに達するものもいる。現在の魚類では二番目に大きな巨大種だ。ウバザメは実のところかなりミステリアスな魚であって、冬になると忽然と姿を消してしまう。ここからひとつの仮説が生まれた。ウバザメは冬になると深海に潜って食べることをやめて冬眠するのだと。これ、かなり有名な話だから知っている読者もいると思う。だが実際には違うらしい。

最近の調査だとウバザメは冬眠しない。姿を消すのは移動するからで、イギリスから太平洋を横断してカナダへいったり、あるいはカナダからはるか南のブラジルまで何千キロも移動していたりする。過ごす水深も様々で、海面を泳いでいたり、何日もの間、200メートルより深い場所。つまり深海で過ごしていることもある。ウバザメはまさに半深海魚と呼べる存在で、1262メートルまで潜った記録もある（後述するようにむしろメガマウスよりも深い場所ですごしている）。

そしてなにより彼らの子供の姿！　子供のウバザメは見つかることも珍しいが、1977年に日本で捕獲された2・6メートルの子供は、鼻先がひどく長く伸びて、そして下へ曲がっていた。なんというか鳥を思わせる異様な姿である。この曲がった鼻先は成長に従って曲がりが弱くなり、短くなって、最後は失われるようだ。世界から見つかったウバザメの子供には、その途中なのかなと思えるものがいる。その鼻先は相変わらず長いが真っ直ぐで、しかし先端が上曲がりのブレード状になっていて、少しワニを連想させるおかしな顔つきだ。

ここから先は私の思いつきでしかないが、19世紀から20世紀の初頭にかけて海でイクチオサウルスを見た！　という目撃談がいくつかある。この〝イクチオサウルス〟とやらの正体、実はウバザメの子供だったのかもしれない。たとえばロバート・バークウェルという人が1833年に書いた「An Introduction to Geology（地質学入門）」という本にこんな一節がある。

「イクチオサウルス、あるいはその近縁種が現在の海に今もなお生き残っているのではな

上は1977年に三重県の和具で捕獲されたウバザメの子供。鼻先が長く、湾曲しているのが特徴。全長2.6メートル。生後6ヶ月と推定されている。この特徴的な鼻先は生後1年程度で失われるらしい。

一方、捕獲された幼魚には鼻先が真っ直ぐで長いものもいる。下は2000年にイタリアで捕獲された全長3メートルの個体。顔がどことなくワニっぽい。19世紀初頭のイクチオサウルスを見たという目撃談はウバザメの幼魚を誤認したのかもしれない。

いだろうか……忘れがたいこういう証言があるのだ。これはアメリカの船長が話してくれたシーサーペントの目撃談で、それによると、水からその体のほとんどが見えた。容量は大きな水樽ぐらい。体は長くてヒレはウミガメのものに少し似て、大きな顎はワニに似ていたそうだ。」

船長が見たというこの生き物。特徴も大きさもウバザメの子供によく似ている。ウバザメの子供は現在でさえも記録がほとんどないまれな存在だ。海の男と言えども見たことはなかっただろうし、あの奇妙な姿を見れば怪物としか言いようがないだろう。またしても正体はウバザメ。なるほど、人によっては、ウバザメは海のロマンをことごとく破壊する嫌なやつかもしれない。しかし私が思うに話が逆だ。ウバザメにミステリアスな側面があるからこそ、そこから様々な伝説が生じたと考えるべきだ。実際、ウバザメはいまだにどうやって繁殖するのか、いつどこでメスが子供を産むのか、それすらわかっていない謎の生き物なのである。ニューネッシーにロマンなどないが、ウバザメには追求すべき未知が潜んでいる。

†メガマウスの生態の謎

次にメガマウス（*Megachasma pelagios*）を語ろう。意外に深く潜るウバザメに対して、メガマウスはなんとも宙ぶらりんな存在だ。胃袋を探ると深海にすむエビの親戚が見つかるし、深海性のクラゲも見つかる。食い物からしてメガマウスが深海魚であることは確からしい。しかし、捕獲したメガマウスに発信器をつけた追跡は否定的だ。これはカリフォルニア州での事例だが、そのメガマウスはおそらく餌を追ってだろう、昼間は160メートル、夜は20メートルの水深を行き来していた。昼は深みにいて、海面近くに上がるのは夜。この魚がこれまで発見されなかったのがよくわかる行動だ。

それと同時に、200メートルより深い場所を深海と呼ぶことを考えれば、メガマウスは、深海魚と呼ぶにはちょっと微妙な存在であることもわかるだろう。これはこのメガマウスがこの水深を好んでいただけなのだろうか？　それとも餌がこの時、この深さにいただけなのだろうか？　あるいはメガマウスは準深海魚とでも呼ぶべき魚であるのか？　研究が進めばより詳しいことがわかるだろう。

†巨大な口の秘密

メガマウスの大きさは全長4～5メートル。体は水っぽくふにゃふにゃだ。ダイオウイ

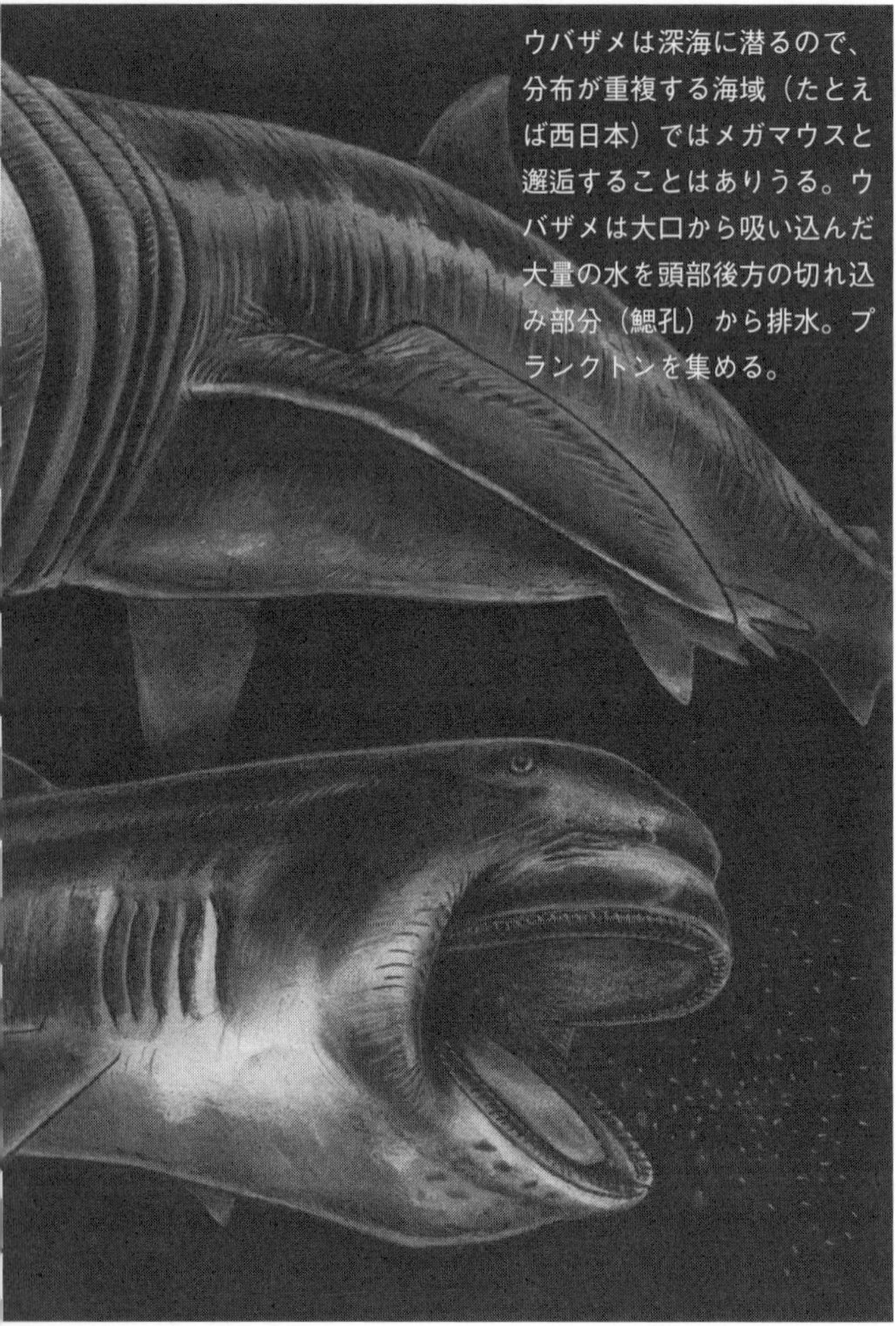

ウバザメは深海に潜るので、分布が重複する海域（たとえば西日本）ではメガマウスと邂逅することはありうる。ウバザメは大口から吸い込んだ大量の水を頭部後方の切れ込み部分（鰓孔）から排水。プランクトンを集める。

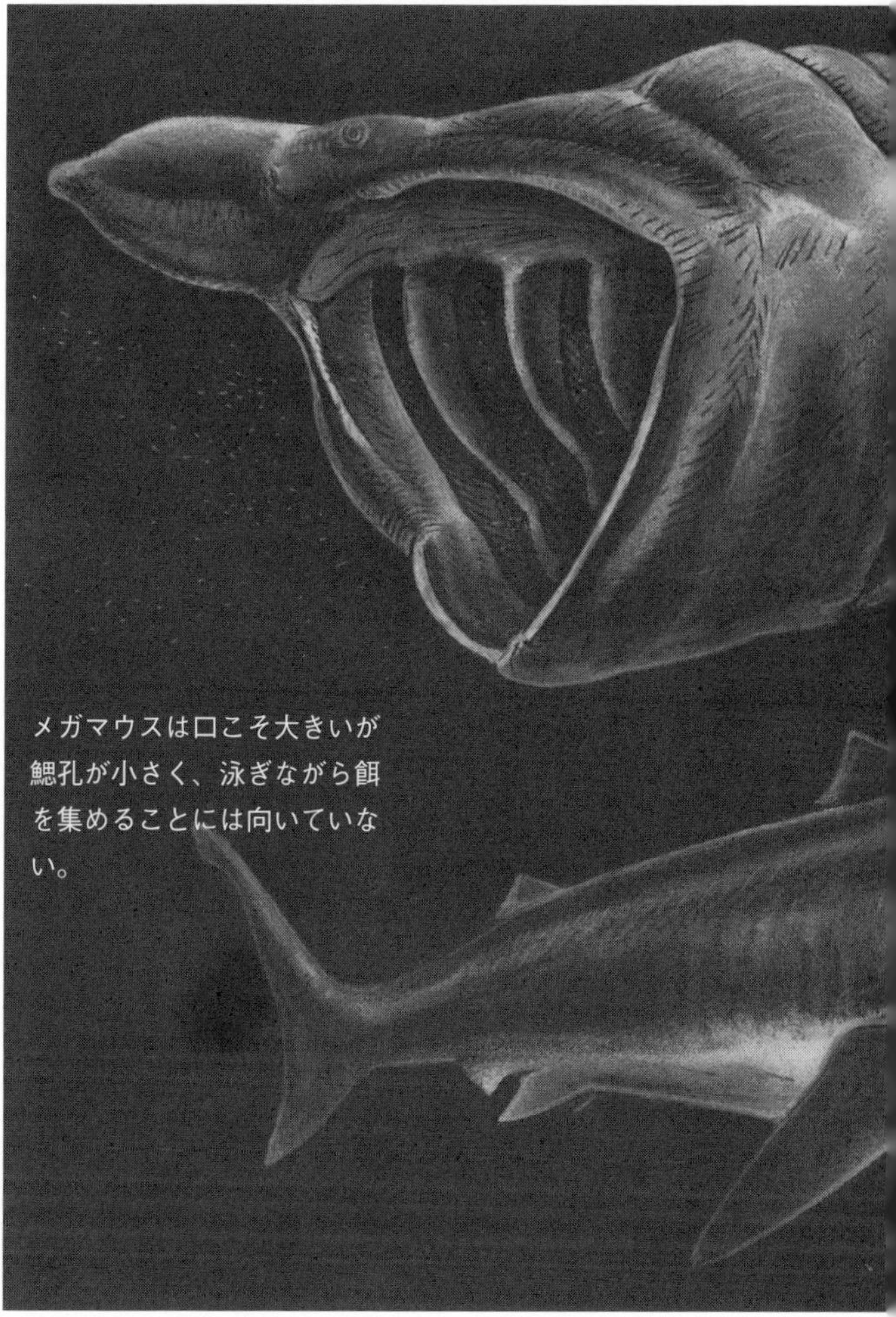

メガマウスは口こそ大きいが鰓孔が小さく、泳ぎながら餌を集めることには向いていない。

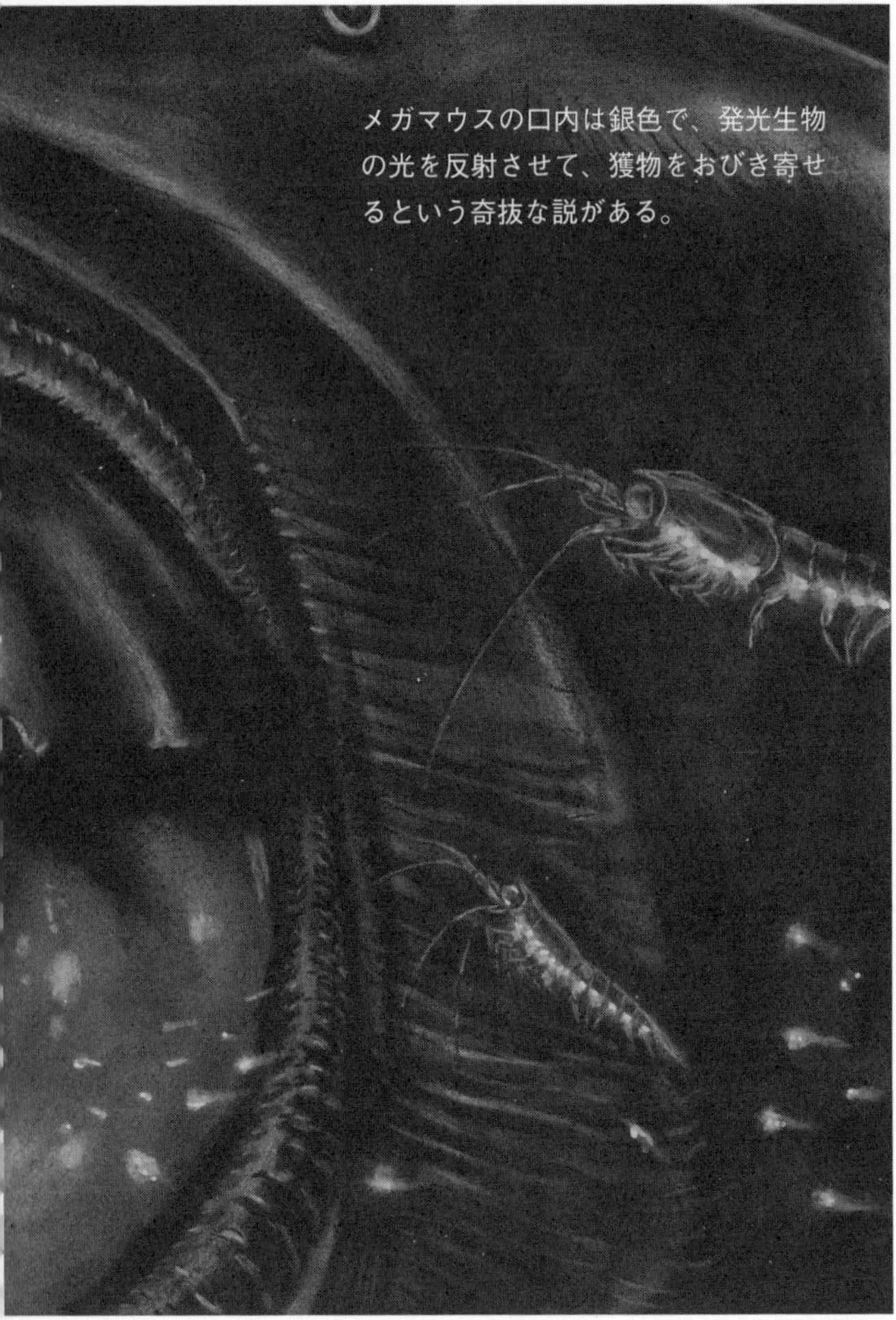
メガマウスの口内は銀色で、発光生物
の光を反射させて、獲物をおびき寄せ
るという奇抜な説がある。

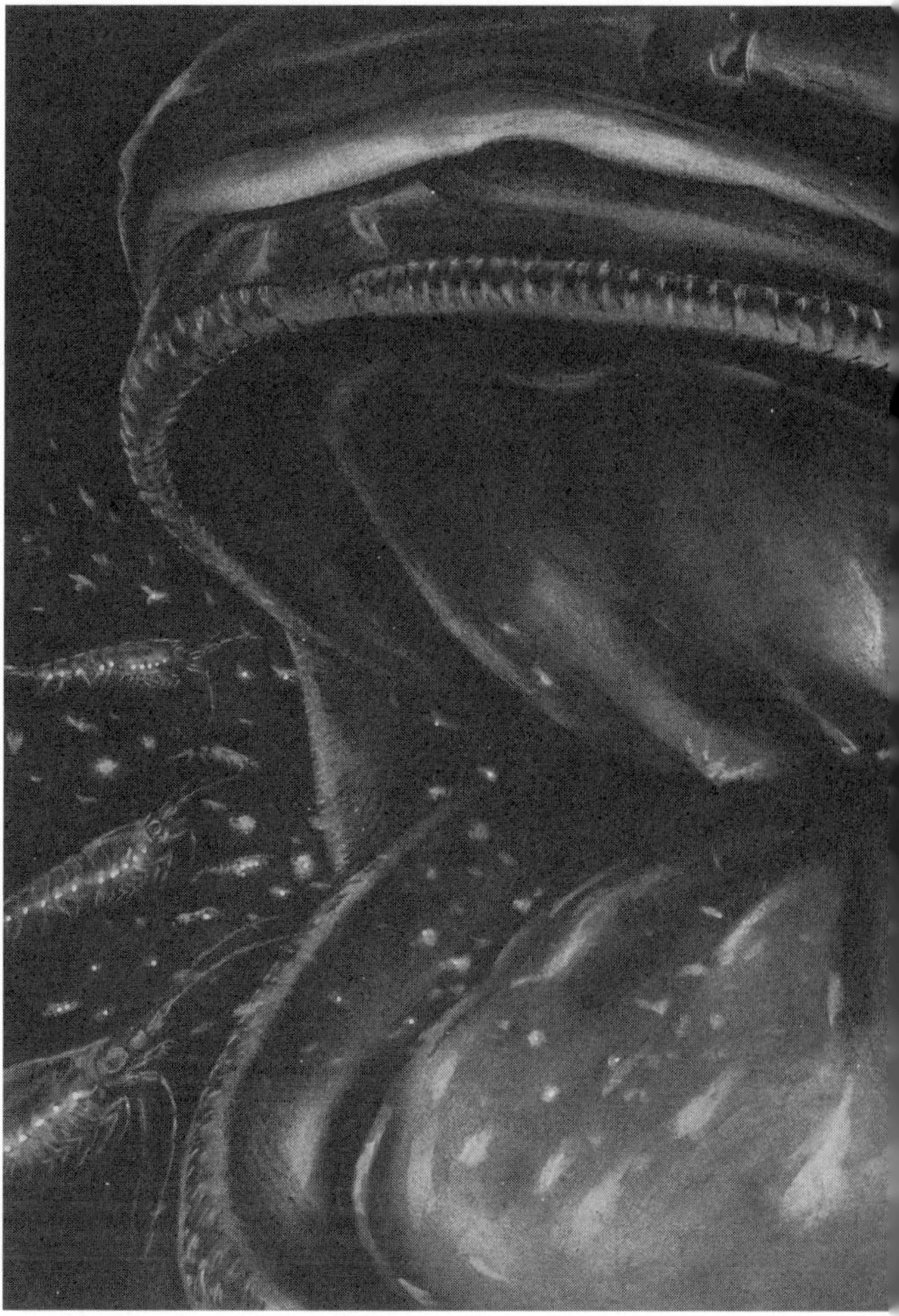

カの項で説明したように、海の生物にとってどうやって浮遊するのかは重要な案件である。ダイオウイカは塩化アンモニウムを浮力材として使い、サメは内臓の油を浮力材として使う。メガマウスはこの油の浮力に加えて、さらに体を水っぽくした。体が重いのはタンパク質のせいだ。タンパク質を減らして水を増やす。すると体の重みは周囲の海水に近づき、沈みにくくなる。

言い換えると水っぽい体のメガマウスは活発な魚ではない。これはウバザメとは対照的だ。実のところウバザメとメガマウスは似たもの同士であり、そして対照的な両者なのである。ウバザメとメガマウスは、どちらもプランクトンを食べて生活している。しかし似ているのはここまで。ウバザメは筋肉質で力強く泳ぐ。反対にメガマウスは鈍く泳ぐ生活を送る。

食べ方も全然違う。それは体の構造を見ればわかる。ウバザメは大口を開けて泳ぐ。口から入った水を鰓《えら》で漉《こ》し、餌をとって、不要な水は泳ぎながらそのまま鰓の穴からどんどん排水する。ウバザメは泳ぐ虫取り網のようなものだ。だから口は大きく、排水口である鰓の穴も大きい。

ところがメガマウスの鰓の穴は小さい。口はでかいが、排水口が小さいわけで、ウバザメのように口を開きっぱなしで泳いで、どんどん水を漉し取るということはできない。おそらくメガマウスはプランクトンの群れを口にふくむと、それからのどをしぼるようにして小さな排水口から水を出し、獲物を漉し取るのだろう。この推論を裏付けるように、メガマウスは顎の動きが良い。ミツクリザメと同様、顎が前方へ顕著に突出するのだ。つまりこうだ。顎を突き出しながら大口を開く。ただでさえ大きな口が突出して容積を拡大しながら開くのだから、大量の水が口内へ流れ込むだろう。そうやってプランクトンの群れを一網打尽にするというわけだ。

興味深いのはメガマウスの口内がどういうわけか銀色をしていることにある。舌まで銀色をしており、これは一体なんだろう？　ひとつの説は、これは発光器だという解釈である。発光器、つまりホタルのように光る器官。メガマウスが獲物とするプランクトンはいわゆるオキアミだ。オキアミはエビに似た生き物であり、そして光に集まる性質がある。もしメガマウスの口内が発光するのなら、オキアミたちはメガマウスの口の中へと自分からわらわら集まってくるだろう。メガマウスは口を開けてそれを待てば良い。そして頃合を見計らって口を突出して獲物を吸い込み食べてしまう。そういう寸法である。

しかしこれ、本当なら実にうまい話なのだが、残念ながらメガマウスの銀色の口内が実際に光るのかどうか、それはわかっていない。というか発光器は何かしら特別な構造を持っているものなのだが、メガマウスの口内組織にそういう構造は見当たらない。つまりこの銀色の組織は発光器ではないのだろう。ただし、銀色で光を反射するというだけでも効果はあるかもしれない。たとえば夜の森の中を歩くと、白いものはまるで光っているかのように見える。白は光をよく反射するから、その結果だ。あるいは夜の森の遊歩道を歩いていると、いるはずがないホタルを見つけることもある。しかしそれはよく見ると星明かりを反射する遊歩道の留め金や金属製のネジなのであった。暗闇の中での反射とはそのぐらい目立つものである。

だからメガマウスの口内は銀色で光を反射するというだけで効果的なのかもしれない。ちなみにメガマウスの主食であるオキアミも発光する。ひょっとしたらメガマウスの反射光に惹かれてオキアミが集まれば、オキアミ自身の光でさらに明るく反射して、さらにさらに獲物が集まるのかもしれない。想像がふくらむが、そんなことをしたら窒息してしまうのでは？　という懸念もある。メガマウス発見を伝えた当時の報道を見てみよう。

「月曜日、大きさ12フィート、重さ1500ポンドのサメがひっかかった。場所はカネオへのサンゴ礁から何キロも沖合、深さは500から1000フィートだった。このサメは雄で、海軍の調査船が流したパラシュートアンカーの綱にからまっていたのである。サメはほとんど窒息していたが、泳ぐことができず、呼吸できなかったためだ。」

泳げないから窒息する。意外なようだが、サメは泳ぐことで口から水を取り込み、排水口である鰓孔《えらあな》から水を出す。そしてこの時に水から酸素を取り込み、呼吸をする。だから泳げないとサメは窒息してしまう。彼らはじっとしてはいられず、泳ぎ続けないといけない。なるほど、一部のサメはじっとしていても呼吸ができる。この手のサメは頭の後ろに噴水口という穴があいていて、筋肉を使ってここから水を出し入れして呼吸する。ではメガマウスの噴水口はどのぐらいの大きさか？　残念ながらメガマウスの噴水口はひどく小さい。こんな噴水口で呼吸ができるのだろうか？　口を開けたままじっとして獲物が集まるのを待っていられるだろうか？　最初に発見されたメガマウスは身動きできずに窒息していたというではないか。

その一方で意外な報告がある。先に、捕獲したメガマウスに発信器をつけて行動を追跡したという話をした。実はこのメガマウスを捕まえた漁師は、メガマウスの尻尾にロープを巻いて、そのまま港まで連れ帰ったのだった。つまりメガマウスは動きようがなかった。それればかりか研究者が調査して発信器をつけてサメを離したのは、捕獲からなんと39時間後。しかし、自由になったメガマウスはそのまま元気に何十キロも沖合まで泳ぎ去っている。ここからメガマウスはじっとしていても呼吸できることがわかる。すると、最初のメガマウスが窒息状態だったのは呼吸とは別の不具合ということであろうか？

ともあれ、噴水口が小さいにもかかわらず、メガマウスは泳がず呼吸できる。これは事実だ。それなら泳ぎをやめて口を開いて、獲物が集まるまで待つことだってできるだろう。しかしこれはあくまで理論上のお話である。実際に本当にこういうことをしているのかどうか？　それはまだ誰も確認しておらず、未だに謎のままである。

5　リュウグウノツカイ――古代から想像力を刺激する容姿

†たてがみを持つヘビ

リュウグウノツカイは多くの人が知っている魚だろう。銀色に輝く細長い体。頭には赤いたてがみがつき、悠々と泳ぐその異形の姿。19世紀に多発したオオウミヘビの目撃談、その正体のいくつかはダイオウイカであったし、あるいはラブカであったりした。そしてこのリュウグウノツカイもまた正体のひとつであった。

リュウグウノツカイと思われるオオウミヘビの記録。その最古のものは紀元前1世紀に活躍したローマの詩人ウェルギリウスの著作『アエネーイス』だと言われる。これは古代ギリシャで行われた神話的な戦、トロイア戦争が舞台の物語だ。トロイア王国とギリシャ連合軍の戦い。主人公はトロイアの英雄アエネーイス。彼は滅びる故郷を立ち去り、諸国を流浪した。そしてその果てに彼はローマ人の祖となる。『アエネーイス』とはそういう物語だ。

さて、物語『アエネーイス』はトロイア陥落から始まる。この時、戦争は10年もの長期戦となっていた。トロイアを攻めあぐねたギリシャ軍は奸計《かんけい》をしかける。まず勝利をあきらめたふりをして一度、陣地から退く。この時、巨大な木馬を置いていく。敵であるトロイアの人々は木馬を勝利の記念として町の中に入れるだろう。この木馬の中にあらかじめ兵士をひそませておく。夜になり、トロイアの人々が寝静まったら潜んだ兵士たちは木馬から出て、城門を内部から開け、外で密かに待っているギリシャ軍を招き入れる。

これがいわゆるトロイの木馬の故事なのだが、この奸計にトロイアの神官ラオコーンは気がついた。あわや作戦失敗というこの瀬戸際の場面で、ギリシャに味方する神はラオコーンを殺すためにヘビを送る。古代ギリシャの物語では神様が人間の営みに平気で普通に介入するものなのだが、この場面を、詩人ウェルギリウスは『アエネーイス』第2巻20 1行で次のように書いている。

「ネプチューンの司祭たるラオコーンが定まりの儀式としてえりすぐった肥えた牛を犠牲として川に捧げていると、見よ！　テネドスの島から2匹のもの、静かな海を越えながら

（ああ、私は震えて語ることしかできぬのだが）、ヘビどもが体をうねらせながらくる。目指す海岸へと、共に海を越えてくる。逆巻く潮に胸をもたげ、波間に赤いたてがみをかかげてやってくる。後ろはうねうねと、幾たびもうねり、うねる体が音を立て、泡をとばし、しぶき上げながらやってくる。」

赤いたてがみを持つヘビのような生き物。体をうねらせながら進むその姿。これはまさにリュウグウノツカイだ。この後、これら2匹のヘビはラオコーン親子を絞め殺すことになるのだが……。深海魚であるリュウグウノツカイが陸に上がって人を絞め殺す？　しかしここはご愛敬だ。そもそも本来のトロイア戦争にリュウグウノツカイの場面はない。たとえば、歴史上一番古いトロイア戦争の記述、ホメロスによる叙事詩を見てみよう。ホメロスは最低でも紀元前6世紀より前の人物だが、彼の叙事詩イーリアスでは、トロイア落城よりも前に物語は終わってしまう。では彼が残したもうひとつの叙事詩『オデュッセイア』ではどうか？　こちらの舞台は戦後だ。ここではトロイアが木馬で落城したことが語られるのみで、そもそもラオコーンが登場しない。

アルクティーノスという人が書いた『イーリアスの陥落』という物語がある。ここにはラオコーンが登場するが、この作品は月日の中で散逸して失われ、今では抜粋の引用が残されるのみ。その内容は、ヘビによってラオコーンとその息子が殺されたというもので、これ以上のことがわからない。つまりラオコーンを殺すヘビが赤いたてがみを持ち、波間をうねりながらやってくるという生々しい描写は、おそらくはウェルギリウスが付け足した彼独自の演出なのである。リュウグウノツカイは地中海にもいる。多分、ウェルギリウスは誰かからリュウグウノツカイの話を聞いたのだろう。そしてその怪異な姿を神話の一場面に挿入した。そういうことに思われる。

†海の妖怪が消える理由

リュウグウノツカイのもっと近代の目撃例だと1852年のものがある。これはイギリスの動物学者アルフレッド・ニュートンが報告したもので、要約するとそれはこのような内容であった

「弟から手紙による次のような報告を受け取りました。インドへ向かう船バーラム号に乗った私の弟は、次のようなものを見たと書いています。8月28日、東経40度、南緯37度16分、時刻は2時半。変なものがいる。食事のために降りていた私たちを一等航海士が呼びました。船から500メートル離れた場所に馬鹿でかいヘビの頭と首が見えました。背中

は後ろ下がりでニワトリのトサカのようなものを持っていました。見えている部分だけで3～5メートルありましたが、さらに長い体が続いているようでした。艦長はこの生き物へ向けて船の進路を取るように指示しましたが、我々が近づくと、この生き物は海に潜ってしまいました。体の色は緑で、明るい斑点がありました。船の全員がこれを目撃しています。」

この「オオウミヘビ」もリュウグウノツカイであることは間違いない。リュウグウノツカイの銀色の体は青みがかっていて、それは緑に見えなくもないし、体の斑点は黒だが、これは光を反射して明るく見える時があるし、そして赤いトサカを持つ。こんな個性的な姿をした生き物は他にいない。

それにしても、リュウグウノツカイが生物学的に知られるようになったのは18世紀の後半であった。それから100年が過ぎた1852年になってもなお、人は自分の見たものがリュウグウノツカイであると理解できなかったこともわかるだろう。それを考えれば、私たちの知識の量は大変なものではないか。今のたいていの人はリュウグウノツカイを何かしら知っている。私たちの知識と教育は大幅に前進した。

以上を踏まえると19世紀以降、急激にオオウミヘビの目撃談がなくなってしまった謎、

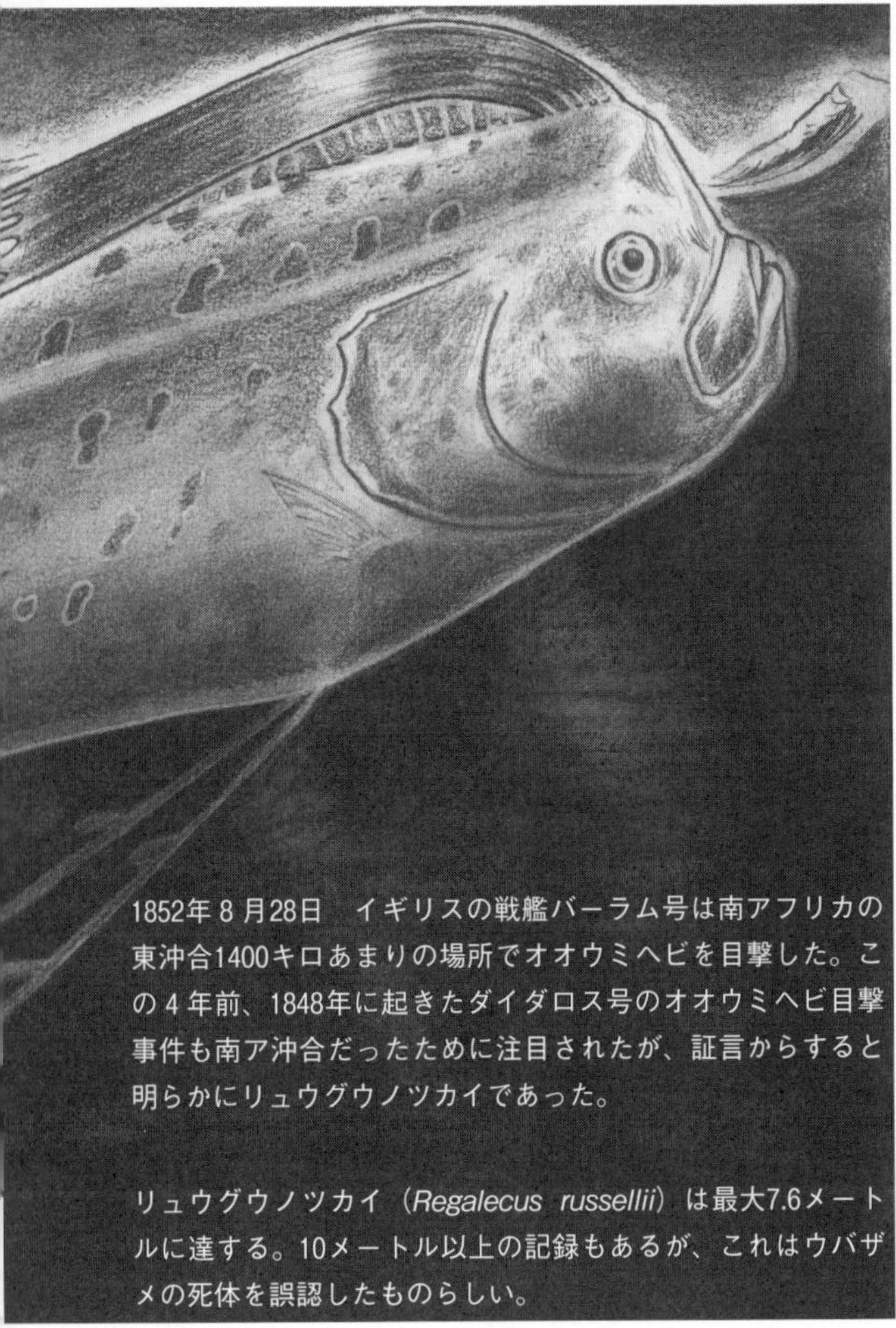

1852年８月28日　イギリスの戦艦バーラム号は南アフリカの東沖合1400キロあまりの場所でオオウミヘビを目撃した。この４年前、1848年に起きたダイダロス号のオオウミヘビ目撃事件も南ア沖合だったために注目されたが、証言からすると明らかにリュウグウノツカイであった。

リュウグウノツカイ（*Regalecus russellii*）は最大7.6メートルに達する。10メートル以上の記録もあるが、これはウバザメの死体を誤認したものらしい。

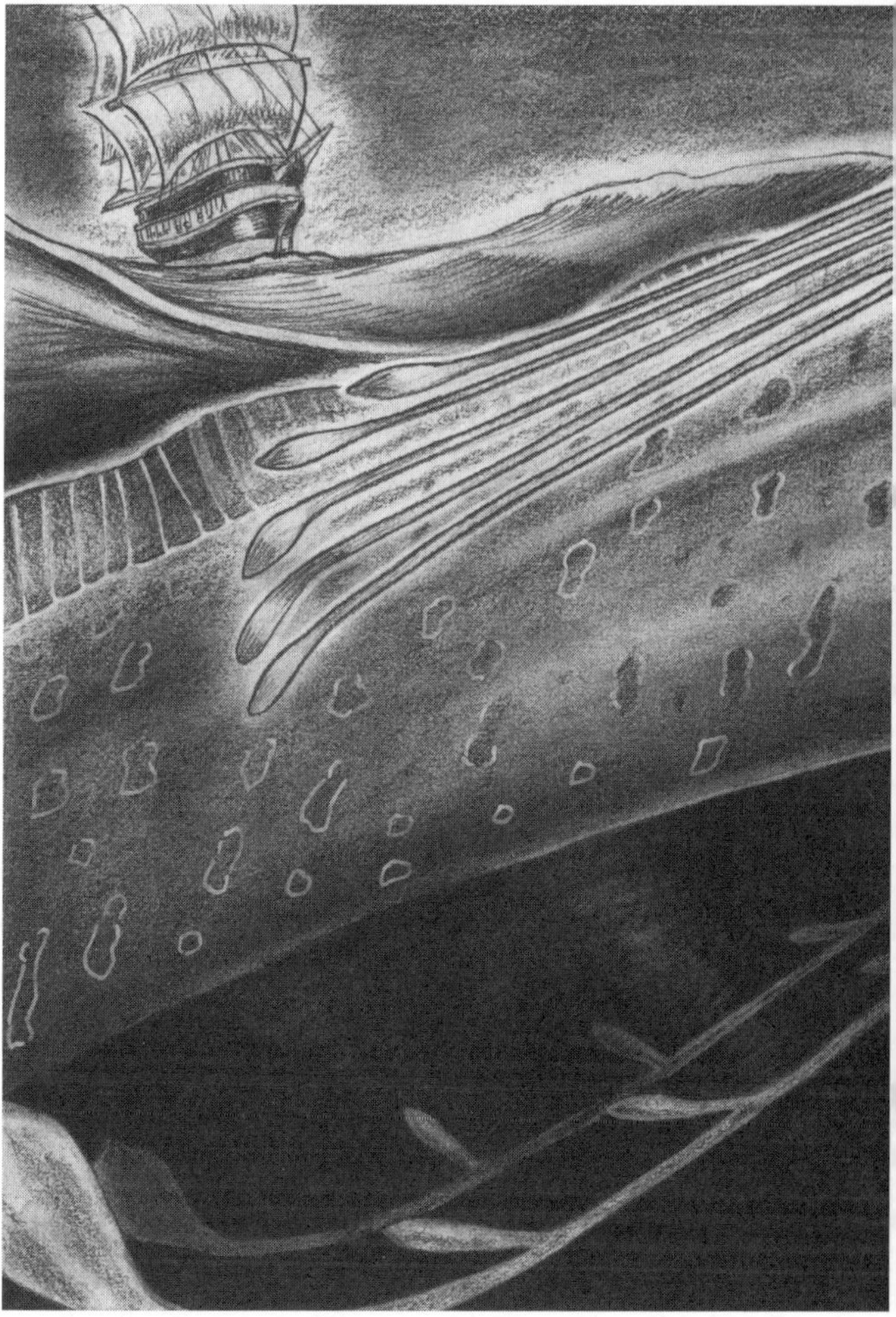

その不思議がわかるように思われる。昔の人はリュウグウノツカイを知らなかった。だからでっかいヘビだとしか表現できない。しかし教育と知識が普及すればリュウグウノツカイを見たよと言える。オオウミヘビはこうして認識の世界から消えたのだろう。今でもリュウグウノツカイが現れるとニュースになるが、それは100年以上前ならオオウミヘビの目撃談になっていたものなのだ。

リュウグウノツカイはその印象的な外見ゆえに、名前もファンタスティックであった。そもそも日本語のリュウグウノツカイという呼び名もドラゴンパレスの使者という意味であるし、ノルウェーの人々はこの魚をシルドコンゲ（Sild Konge）と呼んだ。意味はニシンの王。ニシンの王であるこの魚を傷つけると、彼は配下のニシンとともにどこかへいってしまう。豊漁を望むのならこの魚を傷つけてはいけない。ノルウェーのバイキングたちはそう信じたという。

リュウグウノツカイの学名はレガレクス・ラッセリイ（*Regalecus russellii*）というが、これも以上の逸話に基づいている。学名のレガレクスとは、ラテン語で王を意味するレックス（rex）と魚醤を意味するハレク（halec）を複合したもの。直訳すると魚醤の王様になる。魚醤とは魚を塩水につけて発酵させた調味料のことだ。日本では大豆を塩水で発酵させた醤油が魚醤の代用品であり、むしろ醤油の方がなじみ深い。だから日本人的にいうとレガレクスとは、醤油大王ということになってしまうのだが、学名とはローマ帝国の言語、ラテン語である。そのローマにおいて、魚醤はたとえばアンチョビーからつくられた。アンチョビーがニシンの親戚であることを踏まえれば、レガレクスとはすなわちニシンの王という意味になる。この学名をつけたペーター・アスカニウスという人はノルウェーの人であり、故郷の伝説を踏まえた命名であった。

†謎の生態のわかっていること

かような命名により人は名前と姿を覚えた。こうしてリュウグウノツカイは妖怪ではなく、魚の一種であると認識できるようになったのである。しかし、リュウグウノツカイは深海魚。どんな生活をしているのか、それは相変わらずほとんどわかっていない。採取された魚の胃袋を見れば何を食べているのかはわかる。リュウグウノツカイの場合、それはオキアミなどであった。先に登場したメガマウスと同じであるが、顔かたちは全然違う。メガマウスはでか口だが、リュウグウノツカイはむしろおちょぼ口。ただし、リュウグウノツカイは口を顕著に前へ突き出すことができる。まあ金魚みたいなものだ。金魚は口を

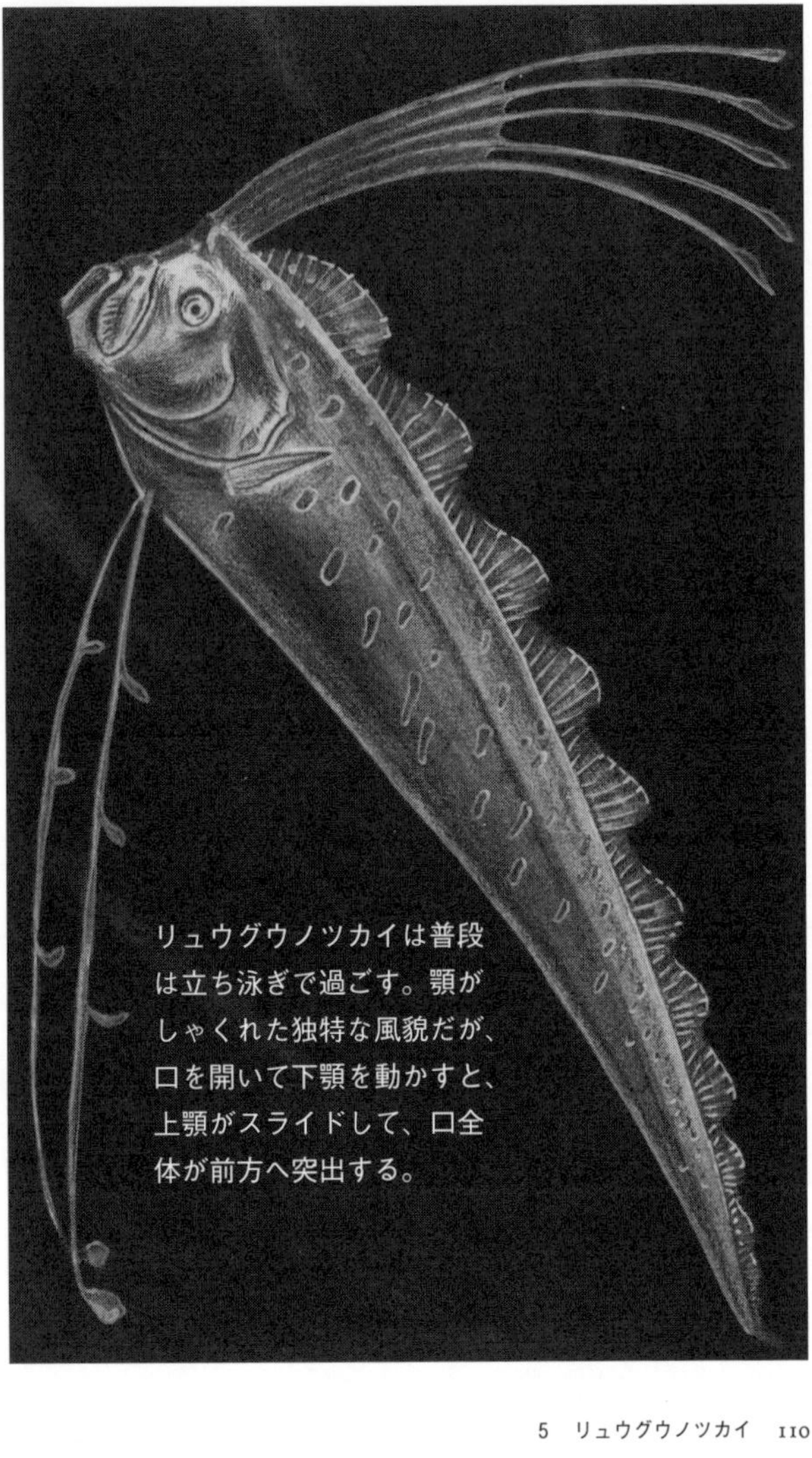

リュウグウノツカイは普段
は立ち泳ぎで過ごす。顎が
しゃくれた独特な風貌だが、
口を開いて下顎を動かすと、
上顎がスライドして、口全
体が前方へ突出する。

突き出すことで餌を吸い込むようについばむ。リュウグウノツカイも同様で、獲物をちまち吸い込んで食べることができるだろう。

リュウグウノツカイが特異なのは、長いトサカがあること、そして喉元からリボンのような長いヒレが伸びていることにある。この形からするとリュウグウノツカイは水中で立って過ごしているのではと考えられた。どういうことかというと、まず、リュウグウノツカイは周囲の海水よりもほんのわずかだけ、体が重い。つまりゆっくりではあるが体が沈んでしまう。ところが、長いトサカとリボンのようなヒレが上半身にある。これがいわばパラシュートのような役割をする。

片方だけにテープをつけた棒を水に沈めれば、テープがパラシュートのように働いて、テープのついた側が上になり、無い方が下になってゆっくりと沈んでいくだろう。リュウグウノツカイもこれと同じで、尻尾が下、飾りのついた上半身が上になって沈む。そのままでは海底まで落ちてしまうが、これを防ぐために泳ぐ。

リュウグウノツカイは背中にずらっと背ビレがついていて、この背ビレを波打たせながら、静かに泳げば良い。これならエネルギー消費は少なくてすみそうだし、海底までの沈没も免れることができる。このような考察から、リュウグウノツカイは、普段は立ち泳ぎ、

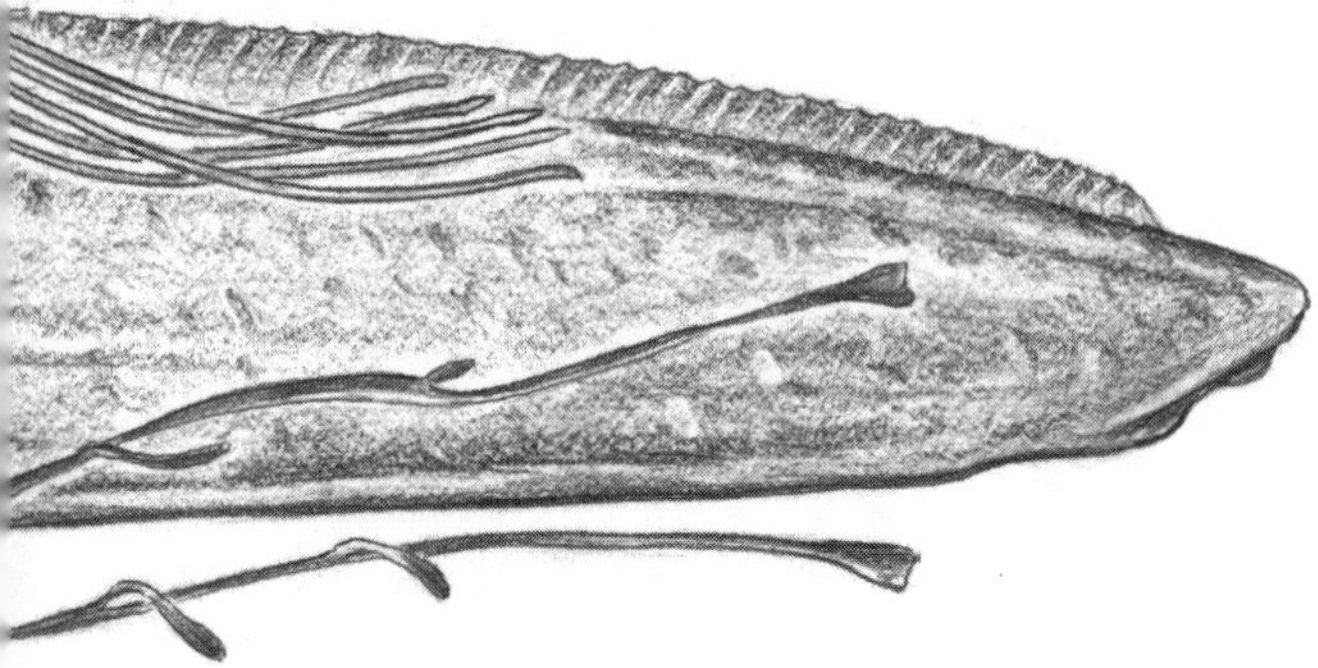

栗本丹州が描いたリュウグウノツカイを今風に描きなおしたもの。このリュウグウノツカイは口が開いて突出した状態だったらしい。背ビレの鰭条数が不正確でよくわからないが、体の半分近くを自切していたこともうかがえる。

あるいは斜めの姿勢で過ごし、獲物を探していると考えられてきた。実際、最近になって立ち泳ぎしている様子が撮影されている。

†ちぎれた尻尾のゆくえ

さて、リュウグウノツカイにはもうひとつ面白い点がある。それは発見されたリュウグウノツカイの尻尾がしばしばちぎれていることだ。完全なものだと尻尾はきれいに先細りで、その先には半開きの扇のような尾ビレがある。だが、大概のものは尻尾が不自然に途中で終わるし、ずいぶん寸詰まりな

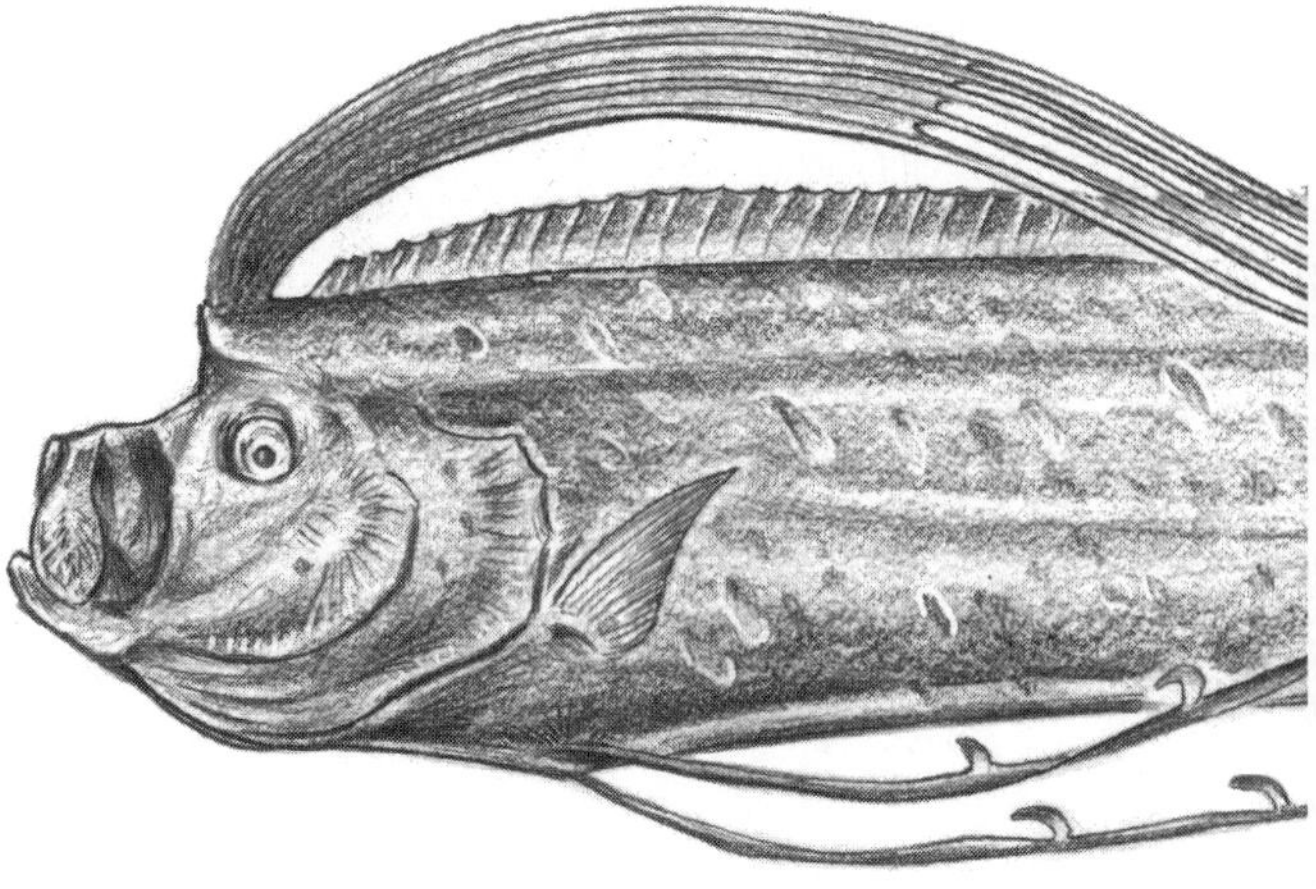

体型のものもいる。これについて江戸時代に面白い記録と考察がある。江戸時代後期の医者、栗本丹州《くりもとたんしゅう》。この人は1789〜1834年まで将軍の侍医を務めた人だが、生き物に興味を持ち、数多くの写生画を残した。そうした彼の著作のひとつに『栗氏魚譚』というものがあるが、この第1巻にリュウグウノツカイの記述と絵が載っているから引用してみよう。

辛雷正月十八日本州志摩郡西浦ノ漁夫面ニ
此魚浮在ヲ網獲可ナリ長三尺餘……

江戸時代の書き言葉のままではどうにもわかりにくいから、現代表記に直すとこうだ。

「辛卯の年（天保2年、1831年）1月18日。本州は志摩郡、西浦の漁師が、この魚が海面に浮いているのを見つけて、網で捕まえることができた。大きさは三尺（90センチ）あまりで、全身は銀のごとく。すこぶる美しい姿である。これを撫でるとその銀色が手のひらに付着する。ただ、これの尾は切れており、思うにサメに噛み切られたようで、月日を経てその傷痕が癒えたように見える。漁師は、尾が切れてしまったので遠く漂流してきたのだろうと言っていたが、なるほど、そういうことでもあろうか。この名を知る者は誰もおらず、謹んで博識の方の指南を乞うものである。」

大きさ90センチと手頃なサイズ、さらに撫でるという記述からして、丹州はこの魚を自分で手に入れて絵を描いたのだろう。スケッチも極めて詳細だ。そしてこのリュウグウノツカイ、体の3分の1か、あるいはそれ以上がなくなっているように見える。丹州は漁師の意見、つまり体が切れてしまったので漂流したのだろうという見解を尊重してはいるが、やや疑問も抱いているようだ。彼は、この魚は尻尾をサメに噛み切られたようだが、傷痕が癒えたように見える、そう述べているからである。

サメに尻尾を喰われたのだろう。しかし傷痕が治っているから、尻尾が切れた後でも長く生きていたのではないか？

この江戸時代の推論と知見は非常に良い点を突いている。リュウグウノツカイは大抵、尻尾がちぎれている。しかし傷痕には歯形のようなものが見当たらない。つまり直接噛みちぎられたわけではないことがわかる。最近の見解によると、どうもリュウグウノツカイは敵に襲われた時、尻尾を自切するらしい。これなら大きな傷の割にはきれいに治っていることも理解しやすい。自切の傷は不慮の怪我より治りやすいものだから。

自切、たとえば敵に追われたトカゲが自分の尻尾を切って、それを身代わりに逃げる動作のことを言う。リュウグウノツカイは深海魚だから、襲われて自切した場面が目撃されたことはない。ただ、浅瀬にいるリュウグウノツカイを捕まえようとしたら、体がちぎれたという目撃談がいくつかある。さらにリュウグウノツカイの筋節《きんせつ》は間が薄く、丈夫な膜で区切られている。筋節とは小難しい言葉に聞こえるが、これは魚を食べる時のことを思い出せば良い。焼いた魚はその身が薄くほぐれるだろう。よく見ると、魚の肉はジグザグした節にわかれている。筋肉の節だから筋節だ。リュウグウノツカイはこの筋節の間に膜がよく発達している。だからその身が割れやすくなるというわけだ。

自切するからには尻尾は切れやすくできていないといけない。トカゲの尻尾は筋肉がソケット状に区切れて抜ける。リュウグウノツカイの尻尾も似たようなものだと思えば良い。

彼らの尻尾は筋節の区切れで切れる。おそらく、リュウグウノツカイはその生涯で幾度も敵に襲われては、深海の闇の中で尻尾を切り離し、そのたびに体を短くしているのだろう。丹州が観察したリュウグウノツカイもそういうものだったのだ。

ちなみに、丹州の記述からはもうひとつ面白いことがわかる。この魚の名を知るものはいない。彼がそう書き残したように、江戸時代後半には、まだリュウグウノツカイの名前はなかったわけだ。リュウグウノツカイの呼び名は明治に現れるようだが、この優雅でしゃれた名前を誰がいつ命名したのか？　それはわかっていない。

6　レプトケファルス幼生――巨大ウナギ伝説の起源

†このレプトケファルス幼生は誰の子？

トカゲギス、ソコギス、タヌキソコギス……、一般にはなじみのない深海魚たち。彼らもオオウミヘビの正体と考えられた生き物だ。ここで大事なのは〝正体と考えられた〟という点である。つまりこれらの深海魚はオオウミヘビに見間違えられたわけではない。この点はダイオウイカなどとは違うので、少し説明が必要だろう。この物語はウナギの謎と関係がある。トカゲギス科はウナギの親戚だ。

日本人にとってウナギはよく知られた食用魚だが、しかしこれほど不可思議な魚もなかなかいない。そもそもウナギは一体どこからやってくるのか？　解剖しても精巣はなく、卵巣もなく、当然、卵もない。そしてウナギの子供は一体全体どこにいるというのか？

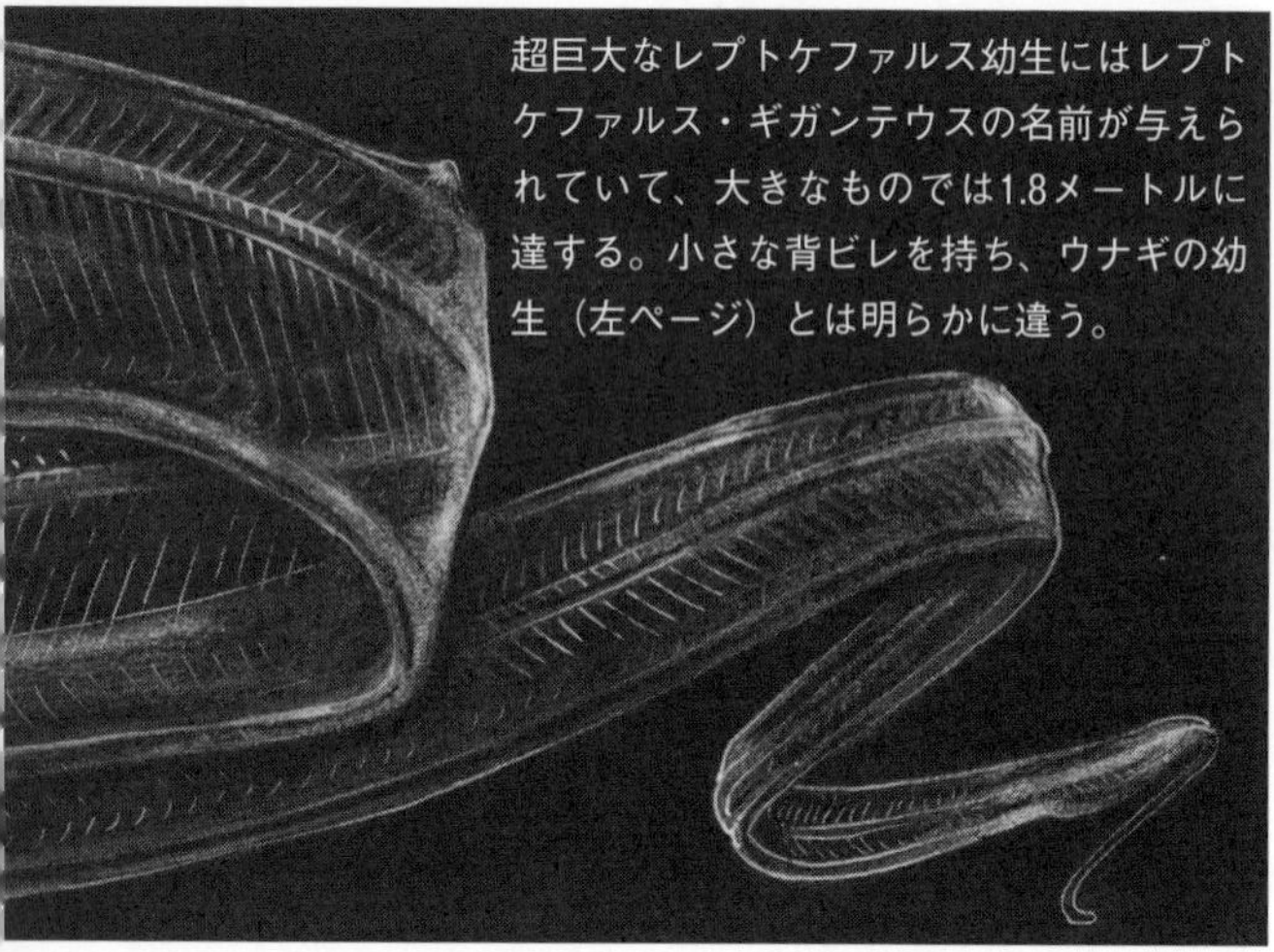

超巨大なレプトケファルス幼生にはレプトケファルス・ギガンテウスの名前が与えられていて、大きなものでは1.8メートルに達する。小さな背ビレを持ち、ウナギの幼生（左ページ）とは明らかに違う。

この謎は紀元前より議論となったものだが、子供が見つかったのは実に19世紀の終わり、１８９７年だった。それまでまったく別の魚だと考えられてきたレプトケファルスという奇妙な魚こそ、皆が求め欲したウナギの幼生だったのである。

さて、このレプトケファルス幼生。これこそがオオウミヘビ伝説と関連する。日本のウナギの幼生は大きなもので5センチぐらい。大人のウナギは60センチぐらいだからだいたい10倍ほどに成長する。さて、時として巨大なレプトケファルス幼生が見つかるのだが、それは20センチとか40センチとか、極めて大きい。１９５９年に見つかったものは特に巨大で、１・８メートルも

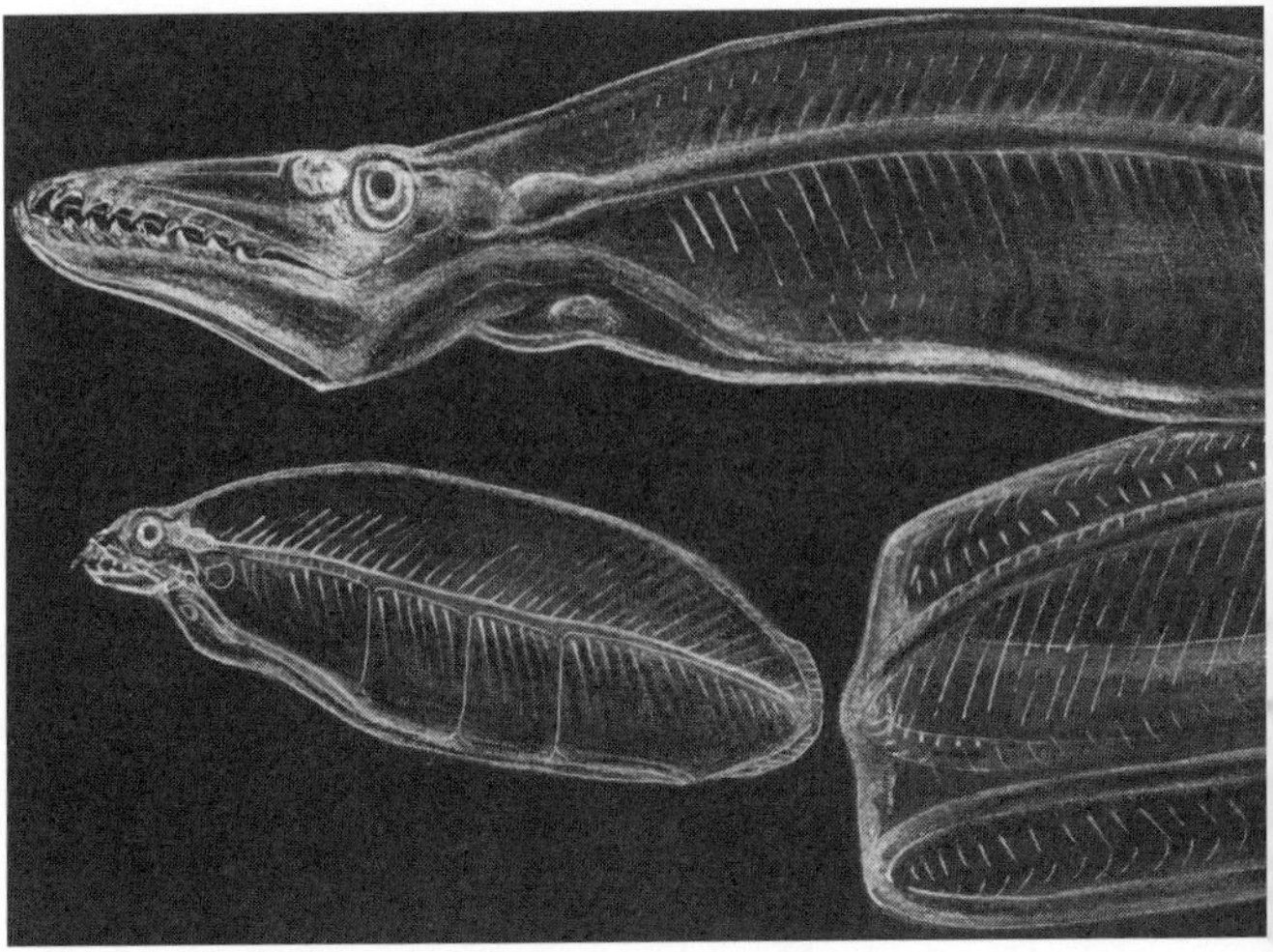

あった。これら巨大幼生が成長したらそれはそれは巨大なウナギになるだろう。体長は20メートル、いやいや30メートルに達する化け物ウナギになるに違いない！　これこそ世界各地で目撃されるオオウミヘビの正体だ！　そう力説した人がいた。私が子供であった1980年代には、そういうロマンを書き立てた本がまだあったのである。もちろん残念ながらこの推論は色々と間違いであった。まずこれら大型のレプトケファルス幼生たち。この赤ちゃんはそもそもウナギの幼生ではなかったのである。

レプトケファルス型の幼生期を経る魚はウナギだけではない。ウツボもアナゴもその幼生はレプトケファルスだし、ここで紹介するトカゲギスたちも幼生はレプトケファルス型だ。そして大型のレプトケファルスは、このトカゲギスたちの子供であった。

†幼生の意外な変態

まずレプトケファルスそのものについて少し説明しよう。最初、レプトケファルスはウナギと別の魚だと考えられた。親と全然違う姿をしていたからである。体型は柳の葉のような形で、そして透明。体に対して頭がひどく小さい。そもそもこれが名前の由来らしい。レプトケファルスとはギリシャ語で、直訳すると薄い頭とか、ほっそりした頭という意味になる。日本語で薄い頭というと髪が少ないことを意味するが、この場合は、小さな頭という意味に解釈するべきらしい。

レプトケファルスがウナギと違う魚と勘違いされて記載されたのはずいぶん前の話で1763年。日本で言うと江戸時代の中頃。こういう古い時代の文献は、命名の根拠を書いていないものであり、実際、書いていない。しかし、その説明文にはラテン語で「カプトミニマム」、すなわち〝頭がとても小さい〟と書かれている。これが名前の由来に違いない。

レプトケファルスがウナギの子供であることがわかった今でも、レプトケファルスという呼び名は、ウナギとその仲間たちの幼生を指す言葉として残った。ウナギもアナゴもトカゲギスもタヌキソコギスも子供時代はレプトケファルス型の姿だ。しかし進化の過程で成長の様子は種族ごとにずいぶん変わってしまった。

たとえばウナギの場合、小さなレプトケファルス幼生から大きな大人へと成長する。だからこそ1・8メートルの幼生なら超巨大ウナギになると力説した人がいたのだが……。しかし残念、種族によっては幼生時代とあまり大きさが変わらない魚もいるし、場合によっては大人の方がむしろ小さくなる魚もいる。そして巨大幼生たちの親であるトカゲギスたち。彼らこそ、大人になると体が縮む手合なのであった。

全長数十センチとか1・8メートルになる大型の幼生は、体が細長くて、尻尾が紐状になっているのが特徴だ。そして小さい背ビレがある。この特徴はウナギの幼生とも、大人のウナギとも全然違う。ウナギは幼生も大人も背ビレが背中のほとんど全部にそって伸びている。背ビレが小さくて前にあるとは、ウナギではなくトカゲギスの特徴であった。

この時点で巨大レプトケファルスがトカゲギスの子供であることは薄々わかる。さらに論より証拠。変態途中のトカゲギスが見つかっている。まったく別の姿の大人になるとは、すなわちオタマジャクシがカエルになるようなもの。だから幼生から大人になるこの過程は、カエルと同様、変態と呼ぶ。見つかったのは、頭はトカゲギスだが体はまだレプトケファルスという個体だった。大きさは19センチ。レプトケファルスとしては極めて大きく、そして尻尾が紐状だった。つまり体の特徴はまさに大型レプトケファルスのもの。しかし頭はトカゲギス。やはり大型レプトケファルス幼生はトカゲギスになることがわかる。

さらに19センチという大きさは、もうひとつの意味で重要だ。幼生としては大きいには違いない。ウナギの4倍もある。しかし大型レプトケファルスは数十センチとか最大で1・8メートルに達することを思い出そう。19センチとは明らかに体が縮んでいるではないか。さらに証拠を見てみよう。頭だけではなく体もトカゲギスになった変態完了直後の個体も見つかっているのだが、その大きさは12センチ。変態途中よりもさらに体が縮んでいる。もう間違いない。巨大レプトケファルス幼生は巨大ウナギにはならない。むしろ体が顕著に縮み、トカゲギスになるのだ。

ちなみに大人のトカゲギスはここからもう一度、体が成長し直す。大きくなると全長は50とか70センチ。すんでいる水深は700とか2000メートル。種類によっては2700メートルの深さにすむ。トカゲギスはほっそりした姿の魚で、確かにウナギっぽい。ただし泳ぎ方はまるで違う。

ウナギは水底をうねうねと泳ぐが、トカゲギスは海底の直上をホバリングする。いわばヘリコプターのように動く。時には停止し、時にはゆっくり動き、そして旋回する。この動きの秘密は体のヒレにある。トカゲギスの体の後ろ半分、腹側の部分には一連の長いヒレがあって、彼らはこれをゆらめかせて自在に動くのだ。体の後ろの、しかも下が推進部になっているので、頭がやや下がる姿勢になる。トカゲギスの頭はシャベル状で、いかにも海底の泥を掘るような形だ、実際に掘るのかはわからない。しかし、頭部の感覚器官はよく発達しているので、海底に顔を近づけ、そこにいる獲物を探して食べることは確かだろう。

†巨大幼生の3タイプ

このように巨大レプトケファルス幼生から誕生するのは巨大ウナギではなく、トカゲギスたちだった。しかしここにはもうひとつ謎がある。巨大レプトケファルス幼生には三つのタイプが確認できる。そのひとつがトカゲギスであることはすでに見た。二つ目のものはどうもソコギスという深海魚の幼生らしい。ソコギスもトカゲギスの近縁種で、形は似

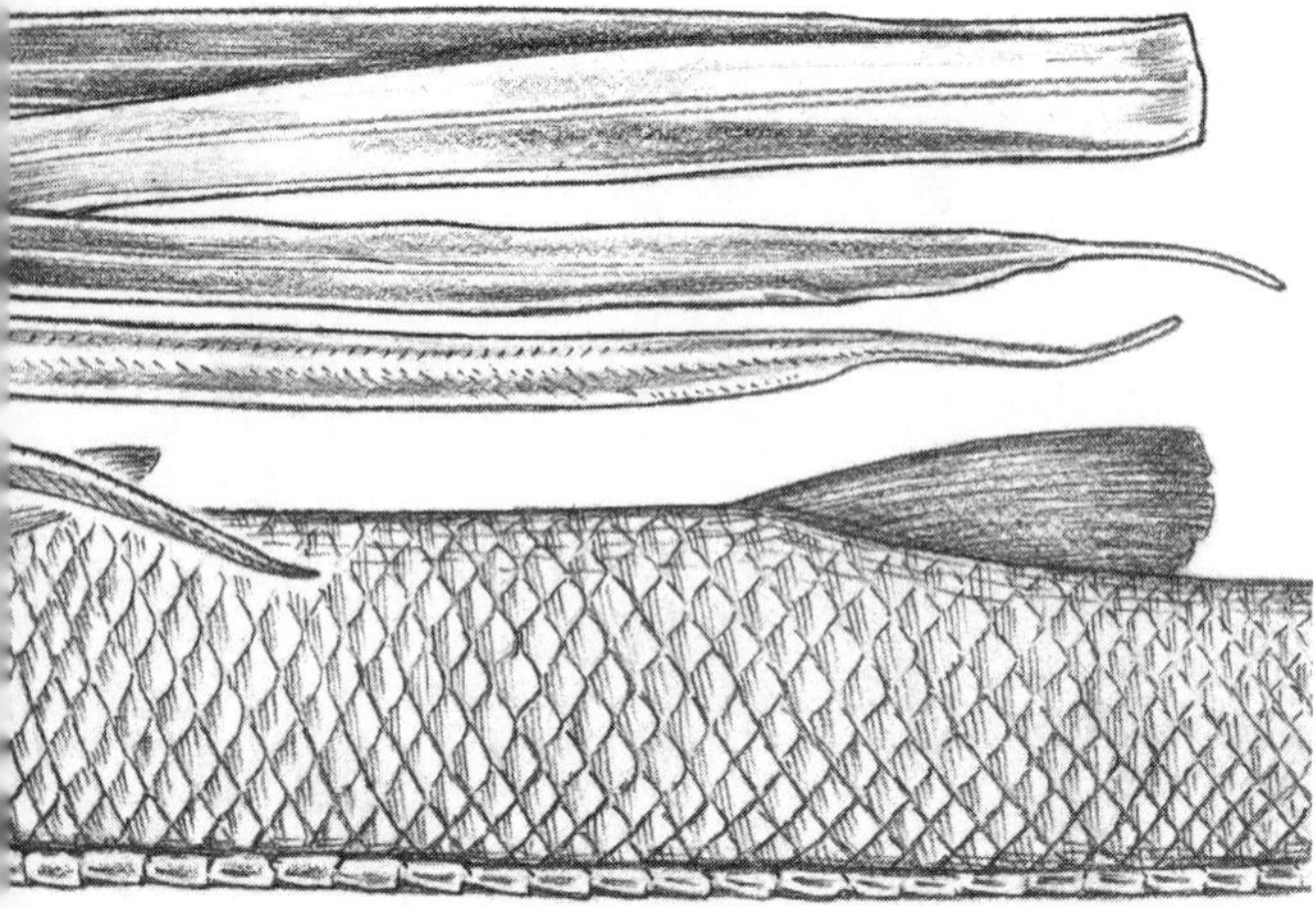

大型レプトケファルスには3つのタイプがあり、そのひとつティルロプシス（上）は変態すると体が縮み、その後、もう一度成長して成体のトカゲギスになる。

たり寄ったり。

問題は、三つ目タイプの親が誰か？　であった。実は巨大レプトケファルスたちの中でも超巨大になるもの。これこそがこの第三のものなのだが、実はこの超巨大幼生、親が具体的に何であるのか、それがまだわかっていない。これを聞いたら、やっぱり深海には未知の巨大ウナギがいるに違いない！　そう色めき立つ人もいるだろう。しかしそれはあり得ない相談だ。

巨大レプトケファルス幼生に三つのタイプがあるように、親であるトカゲギスにも三つの代表種がいる。

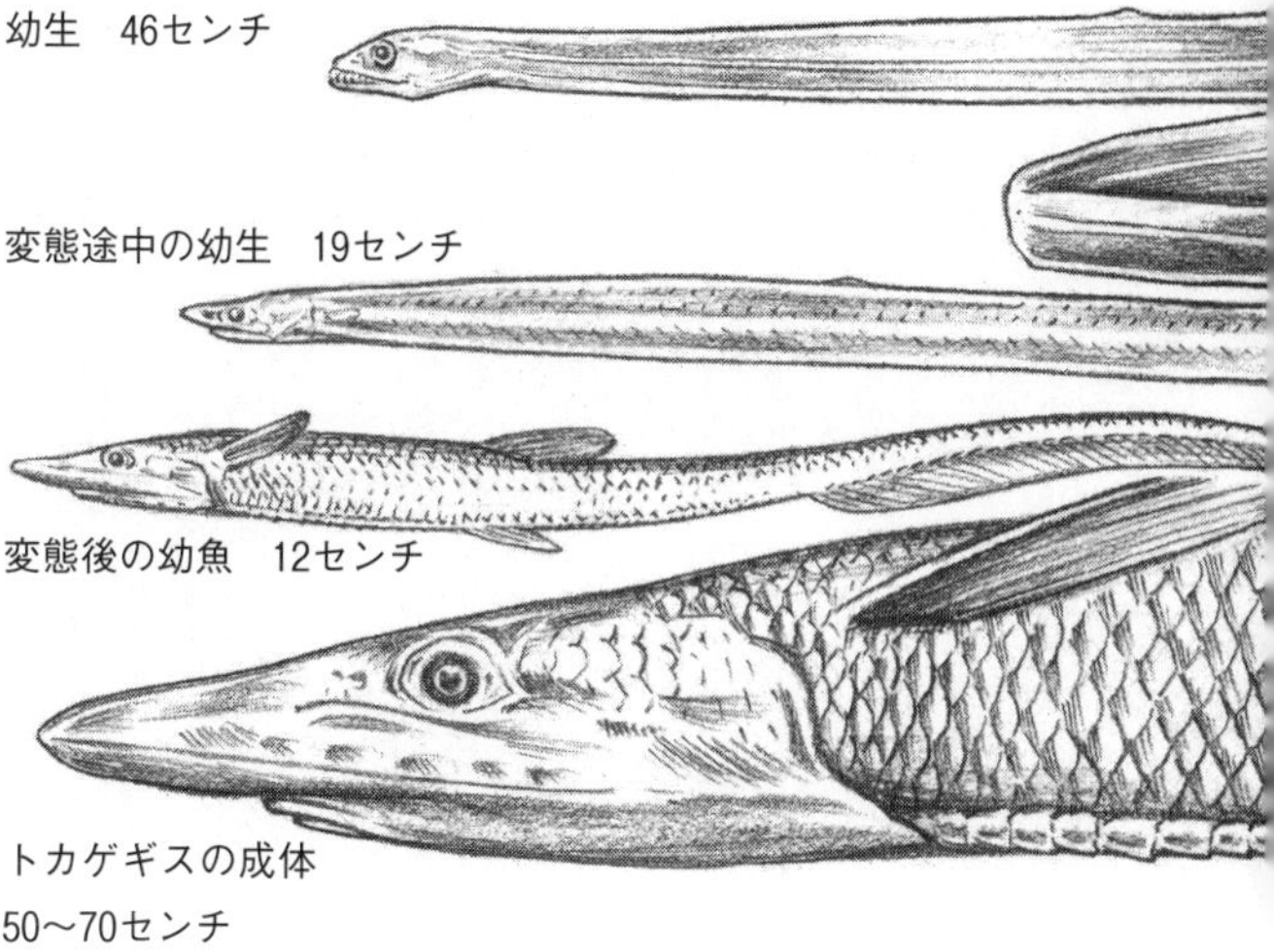

トカゲギスとソコギスはすでに登場した。だから残りのもの。これが超巨大レプトケファルス幼生の親候補となるだろう。

それはタヌキソコギスという魚である。大きさは40センチ程度。ウナギっぽいが体は短め。茶色がかった色白の姿で、言っちゃ悪いが小汚い魚だ。巨大動物や怪獣に心ときめく人が聞いたら、2メートルの素敵な幼生がこんなしょうもない魚になってしまうのか？　そんな感じで心底がっかりして、絶望してしまうだろう。そういう人には朗報かもしれないが、超巨大レプトケファルス幼生の親をタヌキソコギスとする考え、これに懐疑的な意見もある。ただしその理由とは、超巨大幼生は世界各地で見つ

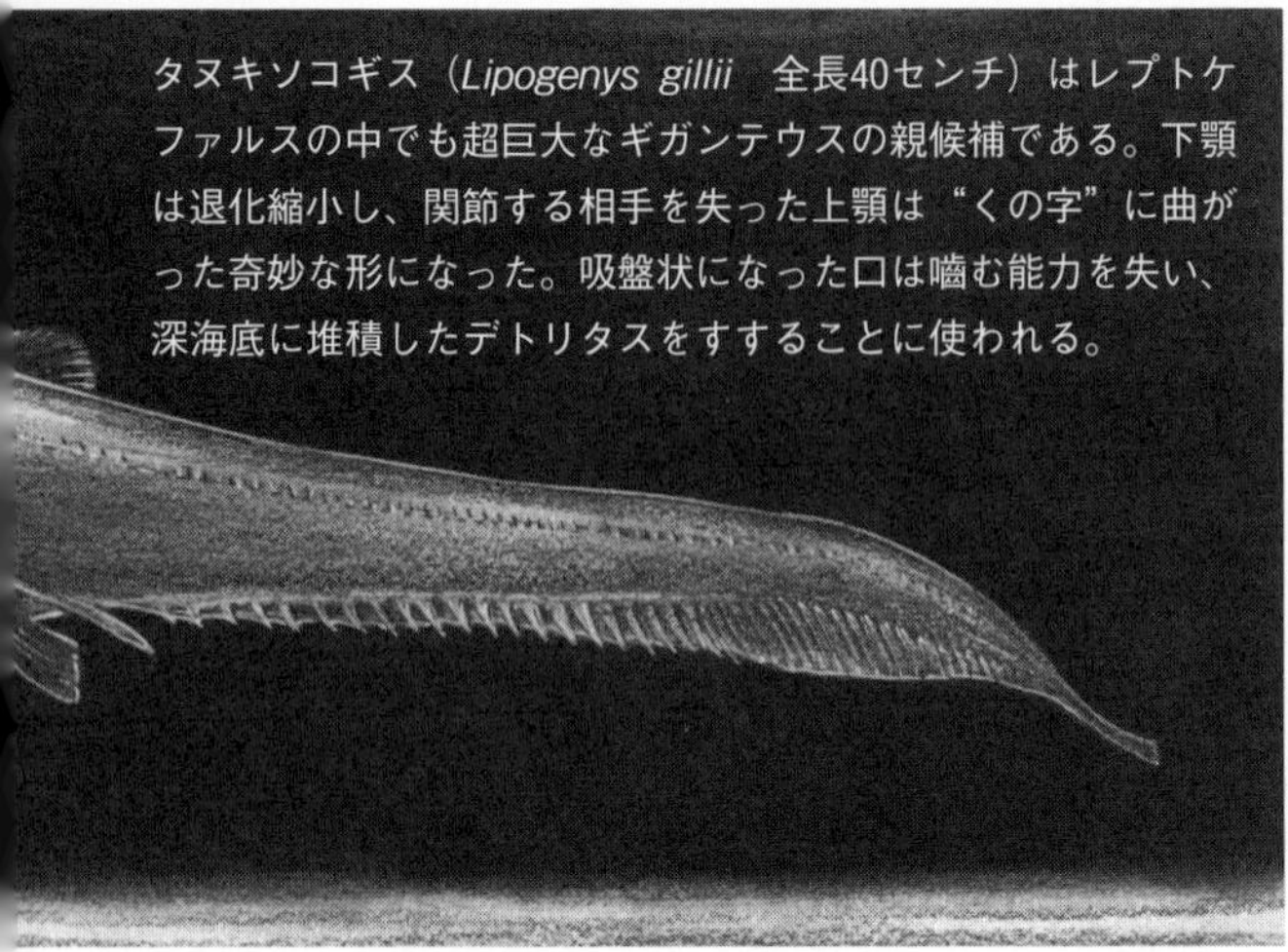
タヌキソコギス（*Lipogenys gillii*　全長40センチ）はレプトケファルスの中でも超巨大なギガンテウスの親候補である。下顎は退化縮小し、関節する相手を失った上顎は“くの字”に曲がった奇妙な形になった。吸盤状になった口は噛む能力を失い、深海底に堆積したデトリタスをすすることに使われる。

かるが、タヌキソコギスはそうではない、というものだった。けれどそれもすでに昔の話で、現在では世界中からタヌキソコギスが見つかっている。だからタヌキソコギスを超巨大幼生の親候補にすることは、今となってはそうおかしな推論ではない。

†低栄養食に特化

このタヌキソコギスという魚、小汚い地味でがっかりな見かけと裏腹に、相当におかしな深海魚であった。タヌキソコギスの異様さはその口にある。なんと表現すればいいだろうか？　ぱっと見、下唇の先が切れていて、顎の底が抜けているようだ。タヌキソコギスの学名は「リポゲニス」とい

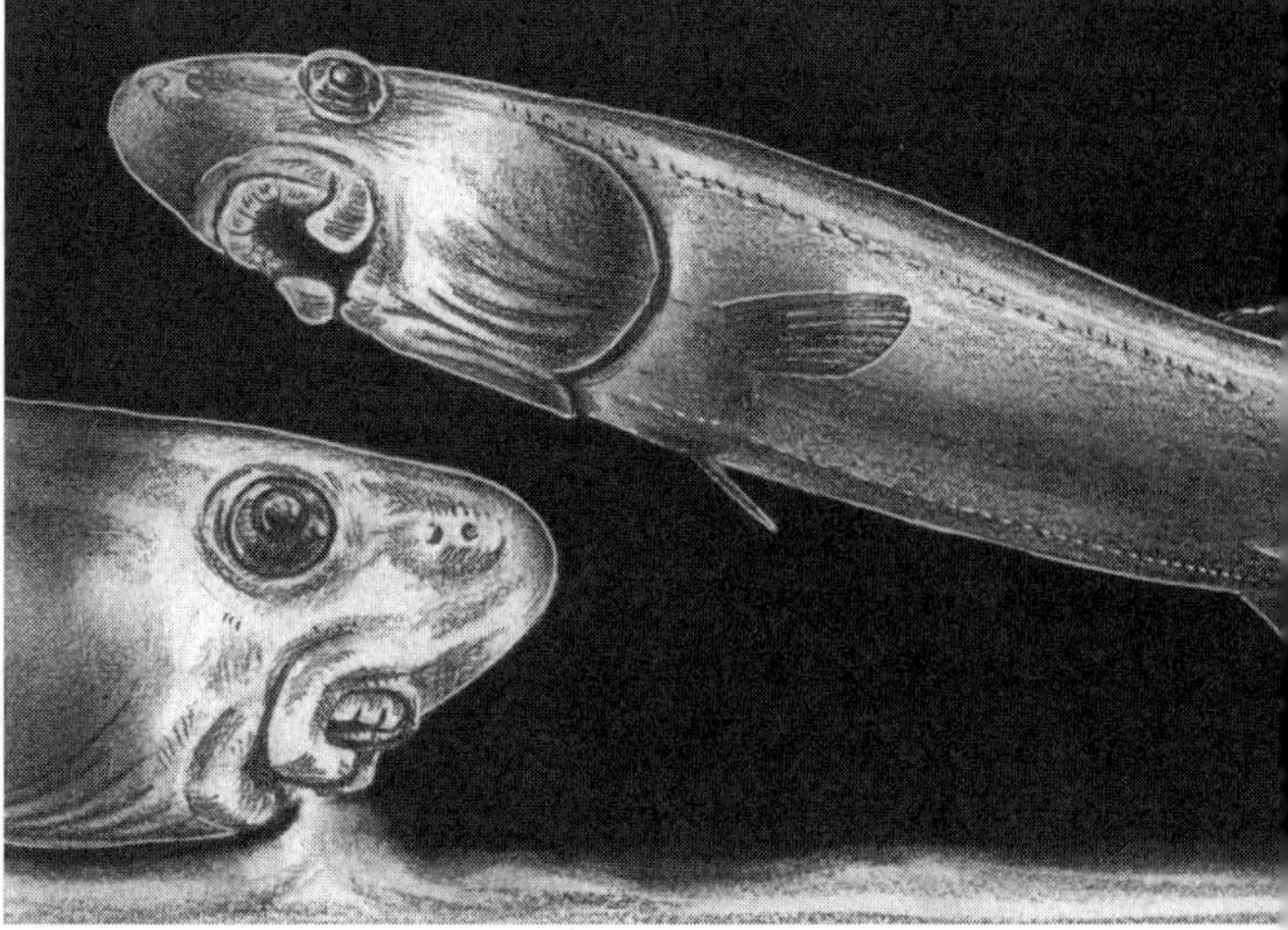

うが、これは〝顎がない〟という意味になる。まさにこの奇妙な顎の様子を表現した命名だが、しかし、この下唇に見える部分。実のところこれは上顎だ。タヌキソコギスの本物の下顎は変形して、しかもひどく小さくなった。その結果、上顎と下顎が関節しているとは言い難い状態になっている。

通常の魚なら、上顎は後方で下側へとゆるやかに曲がり、そこで下顎と関節する。しかし、タヌキソコギスでは関節するべき下顎が喉を縁取るだけの骨に成り果てた。困ったのは上顎である。小さく萎縮した下顎とどう関節すればいいのだ？

接続するべき相手を失った上顎の後端は、本来なら後方下に曲がるべきなのに、あろうことか前へ曲がった。こうして上顎のはずなのに、まるで下唇のように見えるおかしな外見になってしまったのである。

こんな変形を遂げたタヌキソコギスの口は、食物を噛むような機能を持っていない。そもそも歯も持っていない。彼らの口は何かを吸い込み、すすり上げる能力しか持っていないのである。ではタヌキソコギスは一体何を食べているのか？　この魚の胃の中身を調べた研究者は、なにやらドロドロしたものしか見つけることができなかった。どうもこれはデトリタスらしい。デトリタスとはラテン語で〝すり減る。〟という意味だが、海洋学の世界では生物の残骸の成れの果て、その堆積物や沈殿物のことを示す。より正確には摩耗した岩石屑や砂も指す言葉なのだが、ここでは生物の残骸であり、その成れの果てという部分が重要だ。なぜなら生物の残骸は〝食べられる〟からである。

デトリタスで有名なものというとマリンスノーだろう。マリンスノー。すなわち海の雪。深海に潜るとまるで雪のように白いものが降っていく様子を見ることができる。だからマリンスノーだ。もちろん、水中に雪が沈んでいくわけではない。マリンスノーは生物の残骸であり、これもまたデトリタスである。

小さな生き物が死んで沈む。あるいは小さな生き物が糞をする。それが沈む。こうした沈みゆく残骸には色々な生き物が取り付く。これは陸上も同じだ。植物の葉は散ると落ちて、落ち葉にダンゴムシが群がり、あるいはカビや菌類が生えていく。そうして落ち葉は食われて糞になり、しかしその糞にも菌が生え、その菌を食べた虫の糞にまた菌が生えて、また別の虫が……。こうして落ち葉は次々に食われ、食われて、最後は土になる。落ち葉が土へと還るこの旅路はごく短い。地上10メートル程度の木々から落ちた葉っぱは、その根本で旅を終える。ところが海はそうではない。

海ははるかに深い世界なので、残骸になる旅はゆっくり沈みながら何百メートルも何千メートルも続く。残骸が食われて、その残骸が食われて、それがまた食われて……。これが何千メートルも繰り返される。落ち葉がそうであったように、食われるたびに残骸の栄養は失われていく。それはそうだ。生物は栄養を得るために食べる。だから食べられるたびに、再利用されるたびに残骸は栄養を失う。まさにデトリタス（すり減る）だ。残骸であるデトリタスは栄養をすり減らしながら、水中を漂い、沈み、そして最後は深海の海底に堆積する。

タヌキソコギスが住む水深は600から2000メートル。このぐらいの深さの海底は閑散とした泥の世界で、うっすらと積もったデトリタスで覆われている。粉雪のようにゆっくりと舞い散るマリンスノーが、ほんの数ミリだけ積もった暗くて寒い世界。それが深海の海底だ。粉雪で白くなった冬の夜の道。それを思わせる世界であり、タヌキソコギスはこれを食べるのだ。海底に粉雪のように積もったわずかなデトリタスを吸い込み、すすっていく。彼らはひっきりなしにデトリタスを食べているらしい。なぜなら調べられたタヌキソコギスの腹の中、そのすべてにデトリタスが詰まっていたからである。

深海のデトリタスは上の生物が使い尽くした残骸だ。本来含まれていた栄養は根こそぎしぼりつくされて、ほんのわずかな滋養の残滓が残るのみ。限りなく栄養0《ゼロ》に近い、こんなものを食べて生活するには、大量のデトリタスを食べねばなるまい。だからタヌキソコギスは四六時中、デトリタスを食べている。だからいつも腹の中は、どろどろのデトリタスで満たされているというわけだ。

それにしてもデトリタスを食べる。こんな食生活は新陳代謝の低いナマコなどがするもので、魚がするとはほとんど聞いたことがない。そもそもデトリタスを食べるとは落ち葉が分解してできた腐葉土を食うようなものだ。いや、深海のデトリタスは腐葉土よりも栄養が低いだろう。その比較的栄養がある腐葉土でさえ、それを食べるというとカブトムシの幼虫とかミミズである。魚や脊椎動物はナマコや虫より新陳代謝が高い。そんな魚が栄養貧弱な土を食うなど本来ならありえない話だ。これを踏まえればタヌキソコギスの食生活の異様さが理解できるであろう。おそらく、デトリタスを主食とする脊椎動物はこのタヌキソゴギスだけだ。しかしこの異様さが、巨大な幼生を理解するヒントになるかもしれない。

✝アベコベの変態

食料の乏しい深海で、さらにデトリタスなどという搾りかすのようなものを食べている。こんな生活では、成長するなど無理な話だろう。だが、赤ちゃん時代に巨大幼生へと成長すればどうか？　トカゲギスもタヌキソコギスも、彼らの幼生は海の比較的浅い場所、餌の豊富な場所で巨大な体へと成長する。要するにこれは、食べ物が多い場所で大きくなって準備を整え、大人になる準備ができたら、餌の乏しい深海へ引っ越して大人になる。そういう戦略ではないのか？

一応、断っておくと、タヌキソコギスに関してこういう見解を述べた人はいない。少なくとも私は知らない。これは単に、私が思いつきで書いているだけだ。しかし、餌が多い浅い場所でほとんど大人サイズにまで成長することで深海での繁殖を有利に進める、そういう深海魚は実際にいる。だからこのような戦略自体はあり得ない話ではない。少なくともこの解釈が理解の枠組みになるのは確かだろう。

危険だが餌の豊富な場所で成長し、安全だが餌の乏しい場所で繁殖する。こういう戦略は身近にもある。たとえばサケ。サケは深海魚ではないが、やはり似たような移住をする。サケは川で生まれるが、川は敵が少ない代わりに餌も乏しい。だからサケは餌の多い海へ降りる。これはリスクのある選択で、敵の多い海で最後まで生き残れる子供は多くない。しかし、危険を冒した報酬は大きい。1メートルもある体になって川に戻っておおいに繁殖できる。サケの場合、繁殖は一生で一度だけであり、川に戻って繁殖して、そこで人生は終了だ。しかし、餌の多い場所で成長して、餌の乏しい場所で繁殖するという点はタヌキソコギスと同じであった。

もうひとつ、アベコベガエルというものもいる。これは魚ではなくカエルだが、奇妙な変態をする。アベコベガエルの幼生、つまりオタマジャクシは20センチ以上もあって、大きなものでは27センチのものもいる。ところが、変態して大人になると6センチ程度になってしまうのだ。アベコベガエルは大きな幼生が縮んで、小さな大人になる。だからアベコベの名前がついた。そしてこの有様、タヌキソコギスとまさに同じではないだろうか？

進化は最適解を探す過程であるので、条件が同じなら同じ結果を導く。言ってみれば進化とは方程式のような役割を果たすわけだが、アベコベガエルの奇妙な成長とその背景にはどんな方程式があるのだろう？

アベコベガエルのオタマジャクシがやたらにでかくなれるのは、干上がることがなく、なおかつ濁った沼にすむからだそうだ。干上がらなければ、慌てて大人になる必要がない。時間があれば大きくなれる。それに濁っていれば水鳥に餌として見つかることもない。だから大きくなっても安全だ。だがしかし、これは大きくなっても良い理由でしかない。進化とは有利が累積する過程であり、利益がなければ進化が起きない。つまり利益を説明できなければ進化を理解したとは言えない。では子供時代にとにかく大きくなる利益とは何か？

アベコベガエルの場合、幼生のうちに大きくなることで、即座に成熟できる利益を達成することにあるらしい。なんとまあアベコベガエルのオタマジャクシは、オタマジャクシだというのにすでに精巣や卵巣が発達する。つまりカエルになれば即座に繁殖できるのである。大人のアベコベガエルの生活はあまりめぐまれてはいない。このカエル、水中生こするカエルなのだが、沼に生える植物の葉っぱに陣取って、やってくる昆虫を待ちぼで虫をそうである。水中生活者なのに、水中にたくさんいるはずの獲物を探さず、水面な体の原因いかにも効率が悪そうだ。実際、研究者は、おそらくこの制限が大人の小さ

大人になると考えている。

だからむしろ子供のい餌で生活することになるから、子供のうちに大きくなって準備する。進化を決定した方程式は巨大になり、成熟する時に体が縮む。こうしたアベコベガエルの

巨大幼生とタヌキソコギスタヌキソコギスと条件が基本的に同じように思われる。

必要だ。だからこの謎が解き明かされるのはずっと先のことだろう。しかし次のことは言える。巨大なレプトケファルス幼生はオオウミヘビなどではない。しかし、ここには奇妙な深海の謎が隠されているのだと。

第 2 章

想像を絶する深海の生態

7　ビワアンコウ——極端に小さいオスの役割

さて、オオウミヘビにかかわる深海生物たちを見てきたわけだが、ここから先は代表的な深海生物を見ていこう。深海魚の代表格チョウチンアンコウという魚は、種類が多くて理解が意外と難しい。

†ビワアンコウに寄生する袋のようなもの

たとえばチョウチンアンコウ類のビワアンコウ。このオスがメスに寄生するという話は有名だが、種族の代表格であるチョウチンアンコウのオスはメスに寄生しない。

チョウチンアンコウのメスは30センチ程度の大きさで水深数百から1000メートルにすみ、紫がかった黒い体に画鋲を思わせるトゲが生えている。特徴的なのは頭から生えた飾りで、複雑な形をしたこれは発光器だ。

チョウチンアンコウのオスの大きさは3センチ程度。卵から生まれてある程度成長すると成熟し、そこから先はもう食事をしない。口の形も洗濯バサミのようで、餌を食べるような形ではない。この洗濯バサミのような口は、メスに噛みつくためにのみ使われる。しかしメスに噛みついた状態のオスが見つかったことはない。メスにかじりついたオスは繁殖がすむとすぐに離れて、じきに死んでしまうのだろう。

これに対し、ビワアンコウのオスはメスに寄生して、ずーっとくっついたままになる。ちなみに、形がよく似た近縁種に全長30センチのミツクリエナガチョウチンアンコウがいる。名前のミツクリはミツクリザメで登場した箕作博士が由来。背ビレの少し前にある肉質の突起が大きいことが特徴で、ここでビワアンコウと区別できる。最近のゲームなどで登場するチョウチンアンコウは、形からするとこのミツクリエナガチョウチンアンコウである。

ビワアンコウの寄生の様子はよくわかっている。大きなものでは1メートルを超える大型種であるビワアンコウのメスの体には数センチか、あるいはそれ以上の大きさをした袋のようなものがついている。この袋のようなものがビワアンコウのオスだ。

ビワアンコウのオスは、メスを見つけるとその体にかみついて一生離れない。離れない

チョウチンアンコウではオスは寄生しない。画面右上の小さな魚がオス。

ミツクリエナガチョウチンアンコウ（奥）*Cryptopsaras couesii* 全長30センチで全世界の水深400〜700メートル付近に分布する。この種類ではオスがメスに寄生する。

チョウチンアンコウ（手前） *Himantolophus groenlandicus* 全長30センチで太平洋、大西洋の数百メートルの深海にすむ。

どころではない。血管まで融合して、メスの血液から直接栄養をもらうようになる。異なる遺伝型を持つ個体同士で組織と血液を共有する。こんなことをすれば免疫の拒否反応が起こるはずなのだが、起こらない。一体全体どうすればこんな離れ技を実行できるのか、それはいまだに謎だ。

寄生する前まで、ビワアンコウのオスは大きな目を持っているが、これはメスが発光器から放つ光を発見することに使われる。そして見つけたメスに噛みつくと組織が融合して一体化だ。こうなるともう目は必要ないので退化縮小する。メスの血液から栄養をもらうため胃袋は退化する。オスはもう二度と餌を食べることはないから消化器官は必要ない。ただひとつ、精巣だけは発達し、こうしてオスは単に精子をつくるだけの存在に成り果てる。メスが卵を産んだ時に精子を放出して受精させる。オスの動作はそれのみだ。

このような進化を遂げたビワアンコウ。この男女の有り様を見た時、人間の女性はうらやましいと言い、男性はエーッと言う。私はビワアンコウの標本を見たカップルが実際にそう話し合うのを見たことがある。

この反応の違いは男女の性戦略の違いで説明できるだろう。女性は卵子をつくり、人間ならば妊娠するという大きな投資が待っている。彼女が欲しいのは自分を裏切らない男性だ。そういう視点から見ると、ビワアンコウのオスは一体化しているので、絶対に自分を裏切らない理想像に見える。しかし小さなオスは経済的に頼りないのではないか。いやいや、ビワアンコウのメスたちの、大きくてたくましげな姿を見れば、そんな心配は無用だろう。これに対し、男性は精子という比較的お手軽なものを大量につくる。これゆえ、男性は一人だけの女性ではなく、複数の女性を受精させることが可能であり、実際、多くの動物にとって、多数に粉をかけることが最適解になった。だがビワアンコウのオスはメスと一心同体なので、浮気できない。つまり動物のオスにとって、これは不利益に他ならぬ。ビワアンコウを見た時に現れる男女の反応の違いはかような原因で生ずるのだろう。

†オスが小さいことの意義

チョウチンアンコウの男女のあり方は、不思議だ。この進化は、オスが顕著に小さくなることから始まっている。もちろん小さい方が有利だからそのような進化を遂げたわけだが、その有利さ、その利益とはなんだろう？

チョウチンアンコウの場合、小さな体で成熟して即座に死ぬ。つまり、進化のこの段階において、オスの寿命を縮めた方が高得点だったことを意味する。たとえば、一人で3年

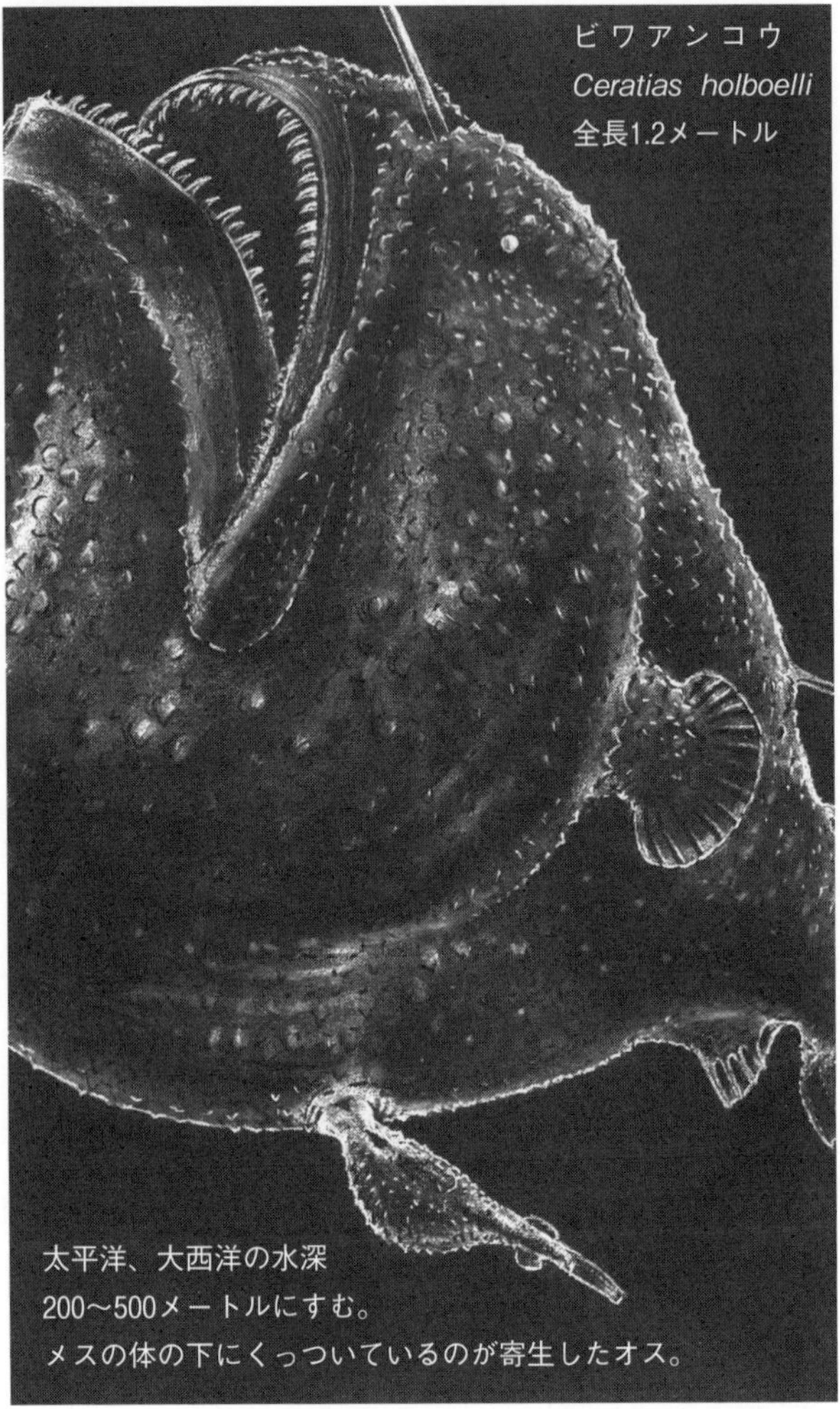

ビワアンコウ
Ceratias holboelli
全長1.2メートル

太平洋、大西洋の水深
200〜500メートルにすむ。
メスの体の下にくっついているのが寄生したオス。

生きて繁殖するよりも、1年の寿命で3年あたり3世代で3回繁殖する方が良いという理屈である。長く生きても敵に食われて死ぬだけなら、寿命を縮めて世代数を増やし、挑戦回数を増やした方が良い。それなら子供のままで即座に繁殖、即座に死が有利となる。

しかしメスにこの芸当はできない。栄養の多い卵をつくらねばならないメスは、成長しなければいけないから。小型化短寿命多数繁殖という戦略は、お手軽に精子をつくれるオスだけができるやり口だ。

だがしかし、こんな進化を遂げた深海魚は実のところほとんどチョウチンアンコウだけである。つまり彼らだけに短い寿命で何度も繁殖、その利益があったのだが、なぜ彼らだけなのか。いっぽうビワアンコウは、オスがメスに寄生するようになった。有利だったはずの短寿命多数繁殖をやめて、メスに寄生することで長寿命かつ複数回の繁殖に切り替えた。その理由は、そっちの方が進化の得点が高いからと単純なはず。しかし、なぜそうなるのか、その理屈がまだわかっていない。深海の男女の有り様には奇妙な謎が存在しており、この疑問を解明できた人間は、いまだに存在しない。

8 デメニギス——透明な頭と巨大目玉の超能力

†頭が透明の異形な姿

デメニギスは人気のある深海魚であった。頭部を覆う透明な覆い。その中にある緑の巨大な眼球。頭部はえぐれたような形をしており、一部の人はこの魚は頭が透明になっていて、頭の中身が見えていると思い込んだ。デメニギスは脳が露出している！ そういうセンセーショナルな記事を書くライターもいるほどで、この異形さがデメニギスの人気の秘密である。

だがしかし、そもそも皆が言う〝デメニギスの透明な頭部〟とは実際には保護膜である。魚の頭部はしばしば透明な組織で凹凸が埋められて、体がきれいな流線形に整えられている。デメニギスの透明な膜は、推論するにそれが極端に発達したものなのだろう。目にかぶさって眼球を保護しているものだ。イメージするなら透明なヘルメットをかぶっているようなもので、頭自体が透明なわけではない。その中には液体が詰まっており、この内側に真の頭部がある。だからデメニギスは頭が透明で中身も脳も見えているというのは、皆の勘違いだ。

一部の人は、頭部正中に見える白いものが脳に違いないと思い込んでいるらしい。しかしここは頭のてっぺんであって、当然だが骨がある。デメニギスの解剖学を論じた1942年の論文を読んでみよう。この部分にあるのはフロンタルボーン（前頭骨）と呼ばれる部分で、人間だと額の骨に該当する。魚のフロンタルボーンは頭頂部を構成し、脳を覆う骨として機能する。デメニギスの脳はフロンタルボーンに覆われて露出していない。

一応言っておくと骨を通して脳が透けて見えること、これ自体はありうる。この程度の大きさの魚の頭蓋骨は薄くて透明で、かぶさるのはごく薄い皮膚と色素だけ。もし色素がなければ骨を透かして脳がなんとなく見えるだろう。しかしデメニギスの頭の白い部分がそうかと言われると、違う。白い部分は明らかに組織の表面であって骨と皮膚だ。そもそも魚の脳はこういう形ではない。

では、脳が見えるという話の出所はどこだろう？　デメニギスの映像が広く紹介された

デメニギスはクラゲが捕まえたプランクトンを横
取りしてついばむ。この時、望遠鏡型の目は90度
旋回して前方を向く。

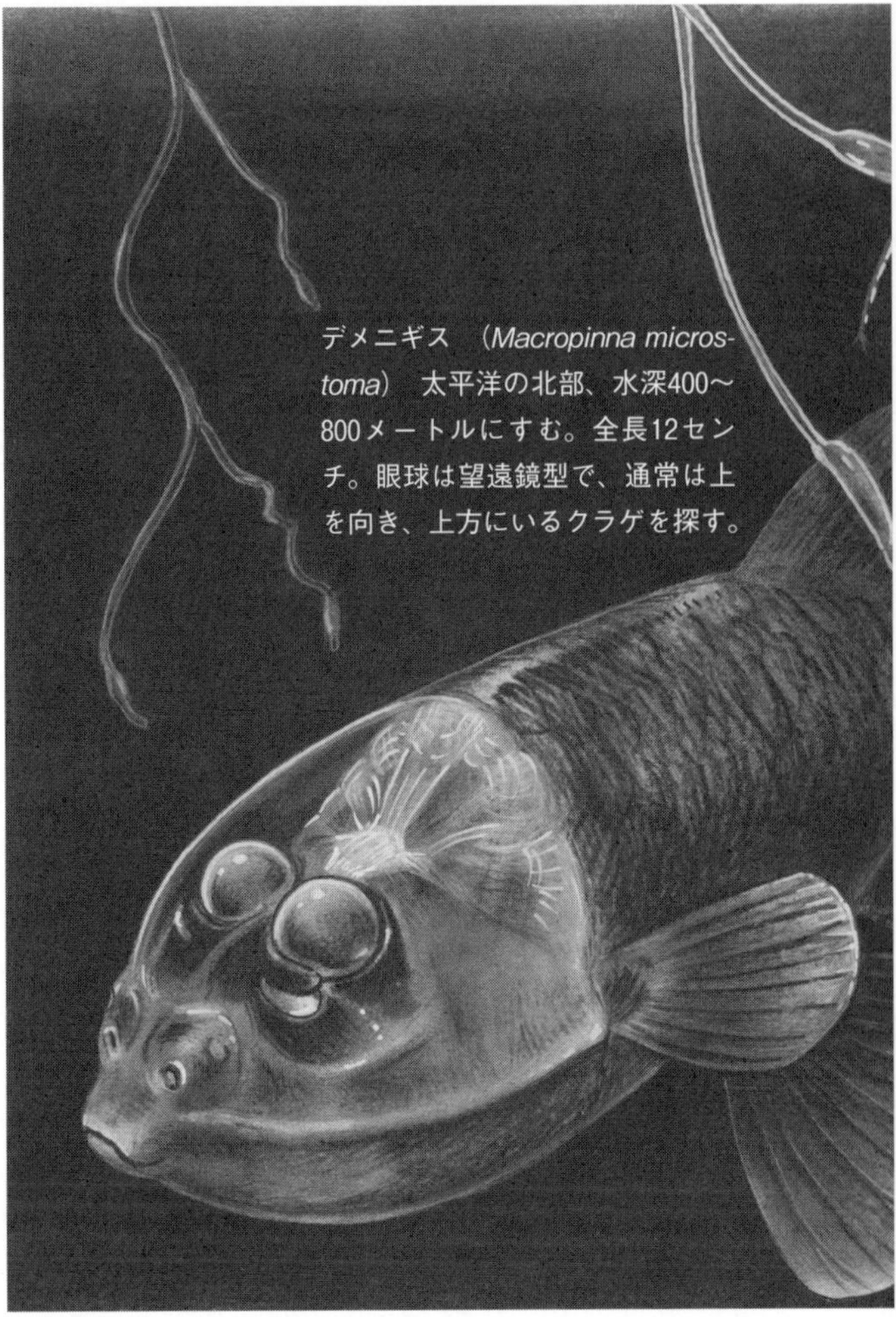

デメニギス（*Macropinna microstoma*） 太平洋の北部、水深400〜800メートルにすむ。全長12センチ。眼球は望遠鏡型で、通常は上を向き、上方にいるクラゲを探す。

2009年初頭に、早くもネットの巨大掲示板2ちゃんねる（現5ちゃんねる）のスレッドに、脳が見えている、という書き込みが根拠もないまま現れている。多分、デメニギスの脳が見えているというのは2ちゃんねる由来の都市伝説だろう。

†深海を泳ぐ映像で判明した事実

いきなりがっかりする話で始まったが、デメニギスが奇妙で魅力的で、無数のギミックを詰め込んだ魚であることは確かだ。書くとこれが案外と長くなる。たとえば昔からデメニギスを知っている人なら、その実際の生きた姿を見た時、驚いただろうし、納得もしたはずだ。デメニギスの透明な頭部は、先に述べたように透明な膜であり、中は液体だ。採集すると中身は流れてつぶれてひしゃげてしまう。従来、深海魚は網で採集されたから、深海でとらえて海面まで引きあげる過程でどうしてもつぶれてしまう。だから私たちがもともと知っていたデメニギスは、おちょぼぐちで、先細りな頭の後ろが段差のある背中にいきなり続いている姿なのであった。これは魚としてずいぶんいびつな形だ。こんな流線型から逸脱した形で素早く泳げるのかい、これが泳ぐ生き物の形か？　と、私も不思議に思っていたものだ。

この謎が解けたのは2008年。深海を泳ぐ、生きたデメニギスの姿が映像でとらえられた時だった。それは段差のある背中と頭部を包み、その中に突き出たいびつな目玉を収めた透明な膜のある姿だった。まるで戦闘機のキャノピーのように繊細な器官を守り、そして体に優美な流線型を与える見事な仕組み。あれを見た時、私は驚くと同時に、なるほどと納得したものである。

この透明な膜はクラゲの触手から目を守るためにあると言われる。なぜならデメニギスはクラゲの餌を横取りするからだ。クダクラゲは細長く連なった群をつくり、無数の触手を釣り糸のように垂らす。クダクラゲはその垂らした触手で小さなプランクトンを刺し殺し、触手を縮めて吊り上げて食べるのだが、デメニギスはこれを横取りするのであった。デメニギスの口が奇妙におちょぼ口なのは、クラゲの釣り糸にかかった獲物をついばむためであり、頭部を膜で覆えば、クラゲの触手に目を刺されることもない。

†ギミックに満ちた魅力的な目玉

デメニギスの目は自在に動く。これには理由があった。彼らの目は筒状で、望遠鏡型で、これゆえに望遠眼《ぼうえんがん》と呼ばれる目をしている。彼らの目は望遠鏡と同様、筒の向いた方向し

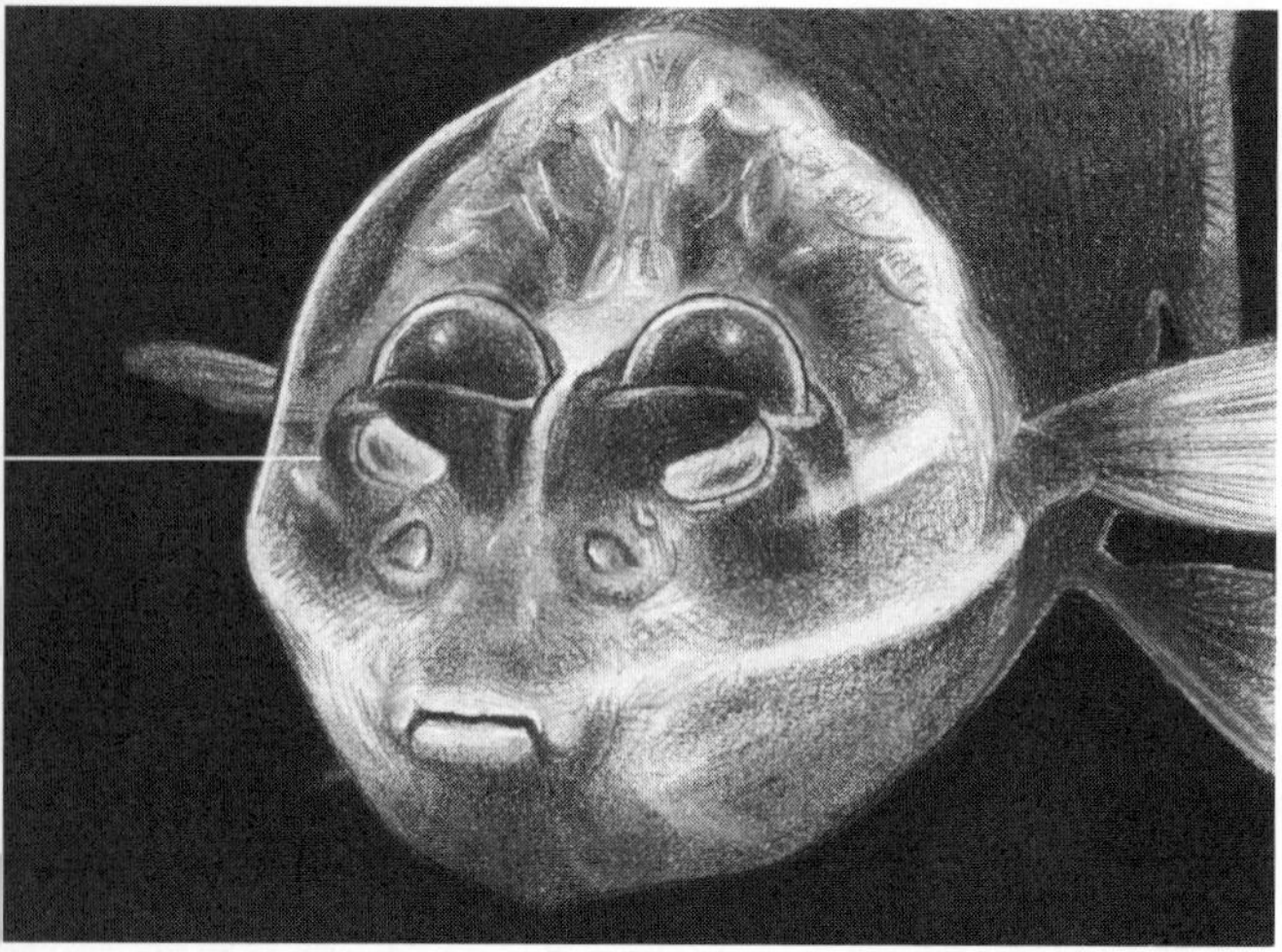

か見られない。デメニギスの望遠眼は通常は上を向いている。上にいる敵や獲物を見つけるためだ。深海は上からかすかに光が届くので、生き物のシルエットが浮かび上がる。これを見るためにデメニギスはその望遠眼を上に向ける。私たちが見るデメニギスの画像とはいずれもこの状態の姿である。

しかし目が上を向いたままでは、餌を横取りしてついばむ時に不便だろう。上しか見えないのに口は前にあるわけで、餌を食べる時には、目は前を向く必要がある。だからデメニギスの目は前方に倒れる。戦闘機のキャノピーの中で望遠鏡が旋回するような感じで、膜の内部でデメニギスの望遠

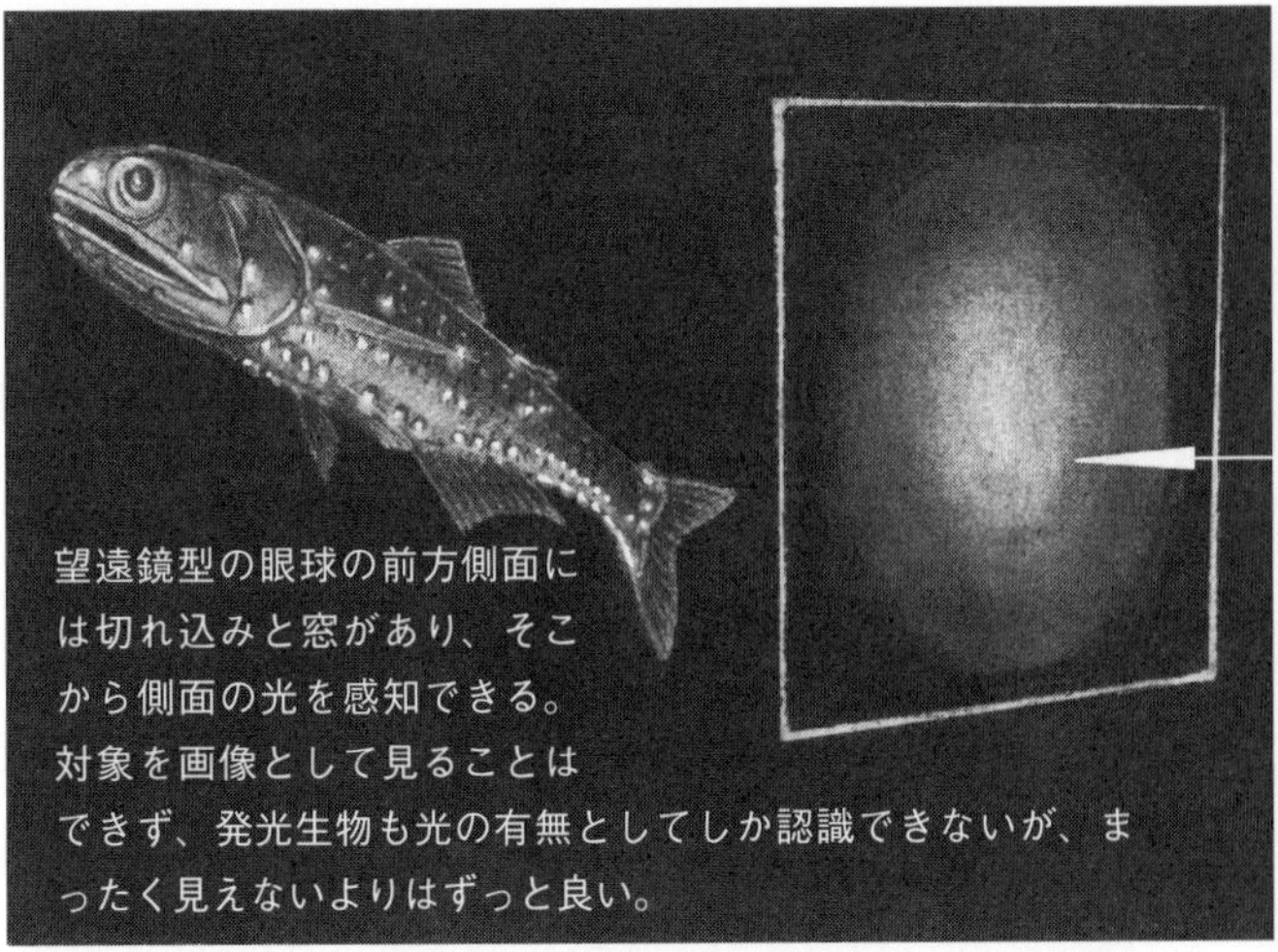

望遠鏡型の眼球の前方側面には切れ込みと窓があり、そこから側面の光を感知できる。対象を画像として見ることはできず、発光生物も光の有無としてしか認識できないが、まったく見えないよりはずっと良い。

眼は上から前を向く。そうやって餌を横取りしてついばむという寸法だ。

かようにデメニギスの目はかなり複雑な器官であり、ギミックに満ちている。

デメニギスを見た時、人はこの目玉の異様さにぎょっとするが、このまん丸は水晶体であり光を集める工夫だ。深海まで届くかすかな光を集めるには大きな水晶体が必要になる。しかしこれ、体の小さな生き物にはきつい話なのだった。大きな水晶体にはそれに見合った大きな眼球が必要となる。そんな大きな眼球は小さな体に収まらない。小さな生き物は小さな眼球しか持てず、必然的に小さな水晶体しか持たない。小さな水晶体で集められる光はわずかで、当然、

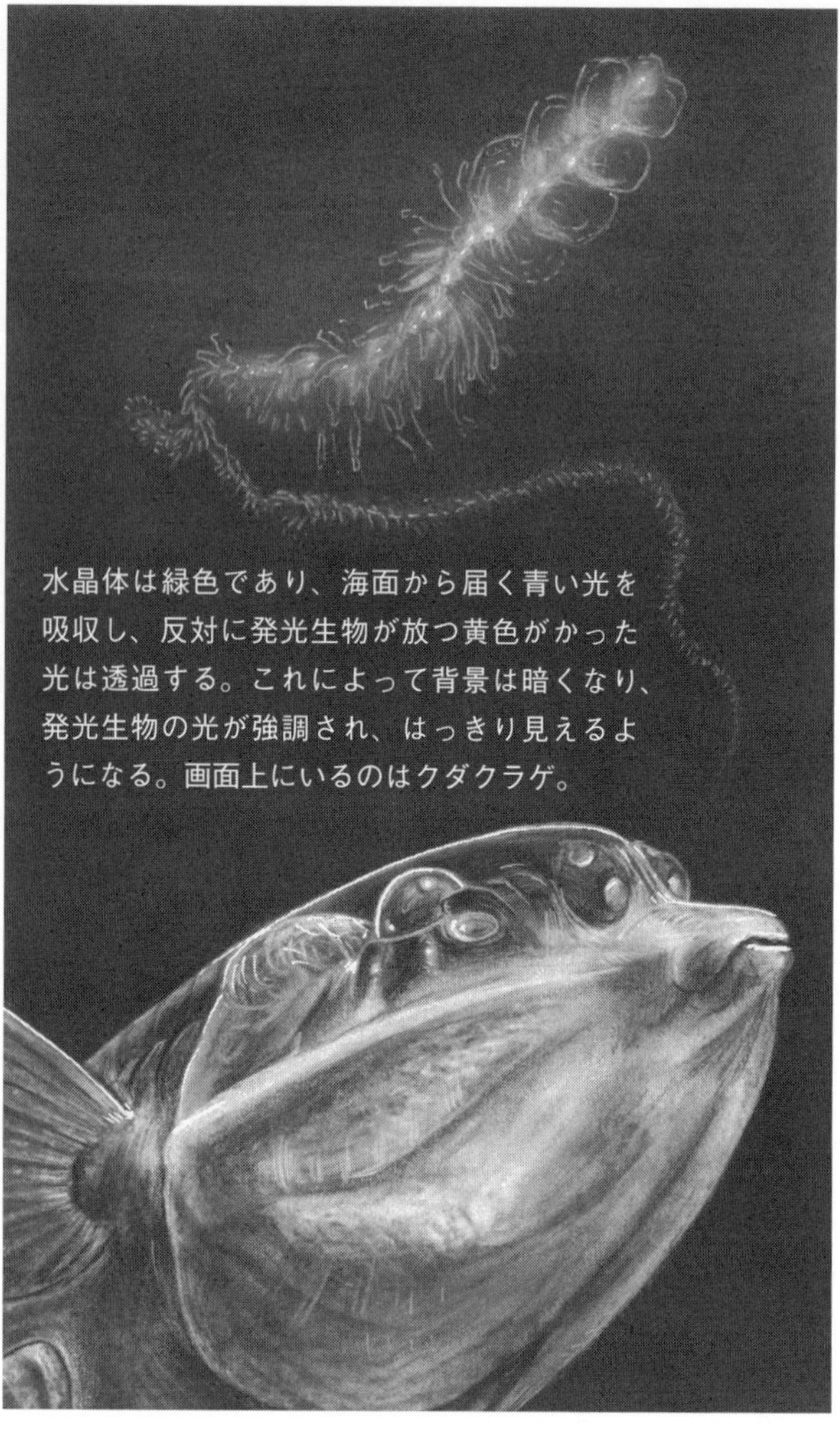

水晶体は緑色であり、海面から届く青い光を吸収し、反対に発光生物が放つ黄色がかった光は透過する。これによって背景は暗くなり、発光生物の光が強調され、はっきり見えるようになる。画面上にいるのはクダクラゲ。

暗い場所では物が見えなくなる。人間はかなり大きな動物なので、その水晶体の大きさは直径9ミリ。私たちは小さな動物よりもずっとたくさんの光を集められる。実のところ人間は暗がりでも結構目が利く動物だ。

ところがデメニギスのまん丸目玉の水晶体の大きさは、体長12センチの個体で直径9ミリ。つまり私たちと同じ大きさになる。私たちの10分の1以下の体長しかないのに、光を集める水晶体の大きさは同じなのだ。この奇跡のような離れ技を実現したのが、先に話した望遠眼であった。大きな水晶体に合わせると眼球も大きくなる。考えてみるといい。私たちと同じ大きさの眼球を、デメニギスの頭にくっつけたらどうなるだろう。頭に団子がふたつくっついた状態になってしまってうまく泳げなくなるはず。それなら眼球の側面をざっくり削って目の形を筒状にしてしまえばよい。こうしてデメニギスの眼球は望遠鏡型になり、体長12センチでありながら、その集光力は人間に匹敵することになった。

もちろん、代償もあった。彼らの視界はごく狭い。文字通り、筒を通して世界を見ることしかできないのである。人間の眼球が球体なのは、あらゆる方角から来る光に対応するため。デメニギスは眼球が望遠鏡型になったがゆえ、その目は望遠鏡と同様、筒の正面から入る光にしか対応できなくなった。一応、この不便を部分的に解消する方法がある。それは望遠鏡の筒に切れ込みを入れることであった。デメニギスの目をよく見てみると、小さな切れ込みが前方側面に入っている。これは苦肉の策だ。望遠鏡のレンズが映像を結ぶのは筒の底だけである。その側面に切れ込みを入れても、入った光は映像にはならない。これと同様、デメニギスの望遠眼に入った切れ込みは像を結ばず、光のあるなししかわからない。しかし見えないよりはずっといい。それに深海を泳ぐ生物が周囲の発光生物を刺激してチカチカ光ることは、ダイオウイカの項で述べたとおりだ。デメニギスは側面から来る相手を感じ取ることができる。光がきたとしかわからないはずだが、警戒、あるいは危険と見て逃走するには十分だろう。

ギミックだらけのデメニギスの目玉について、これで全部と言いたいところだが、まだもうひとつ大きな仕掛けが、この目にはある。それは目玉の色だ。デメニギスの目玉の水晶体には緑色がついている。これは光の迷彩を見破る機能を果たす。深海では、上からのかすかな光で動物のシルエットが浮かぶ。そして多くの深海生物はこのシルエットから獲物や敵を見つける。これに対抗して何種類もの深海生物が、自ら光を放つことで自分のシルエットを消すように進化した。その光を使ったカムフラージュは、さながら光迷彩である。人気漫画『攻殻機動隊』にあやかって光学迷彩と呼ぶ人もいる。確かに、光を使って自らの存在を背景に擬態させてその姿をかき消すわけで、光学迷彩に違いない。

しかしこの光学迷彩を打ち破る方法がある。それが色付きの水晶体であった。ホタルの光を見ればわかるが、生物が作り出す光は基本的に黄色がかっている。これに対し、深海までこぼれてくる光は深い青だ。黄色と青。しかし深海生物のほとんどはこれを区別できない。かすかな光を集めることを優先して、彼らは色を識別する能力を失った。だからこそ、発光生物の光は光学迷彩として機能する。しかし、黄色や青を緑のフィルターにかけたらどうなるか。緑のフィルターは青を吸収し、発光生物の黄色の光をむしろ透過させる。つまりデメニギスの目を通してみれば、光学迷彩はバレバレで、発光生物の光が背景よりも明るく光って見えるわけだ。

デメニギスは相手の迷彩を見破る能力を持っている。彼らの小さな体には進化で獲得したさまざまな知恵が満載されているのである。

9　ダイオウグソクムシ——無個性という特殊能力

†生物として汎用性が高いデザイン

巨大ダンゴムシで知られる深海生物。それがダイオウグソクムシ。人気のある生き物であり、だからしばしば読者から聞かれる。なんであなたはダイオウグソクムシの話を書いてくれないのか、と。答えは簡単。私がダイオウグソクムシの話を書かないのは、書くことがないからなのだが……さてもさてもこの動物、知名度と反対にわかっていることがほとんどない。とりあえず、私が知る限りのことを書いてみよう。

グソク（具足）とは戦で侍が身につける鎧のことだが、その名の通り、グソクムシの体を覆う外骨格はいかめしく、まるで鎧武者のよう。そうしたグソクムシの中での最大種がダイオウグソクムシであり、漢字で書けば大王具足虫。つまりは武装した巨大な深海ダンゴムシだ。このわかりやすさからダイオウグソクムシは人気がある。

ダイオウグソクムシの学名はバシノムス・ギガンテウス（*Bathynomus giganteus*）。ギガンテウスは巨人の意味。バシノムスの意味がよくわからないが、ギリシャ語でバシノモス（Bathynomos）だと深い領域という意味になり、語尾がusになればラテン語の人名。つまりバシノムスとは「深海さん」という意味かと思われる。

深海には上の水深から色々な動物の死体が沈んでくる。それに群がり、食い漁る。そんな死体あさりの中心的な役割を果たす深海生物、それがダイオウグソクムシたちなのであった。この食生活は親戚であるダンゴムシとは見た目が随分違う。ダンゴムシの主食はあくまでも落ち葉であるから。しかし植物由来であれ、動物由来であれ、落ちてきた遺骸を食べるという点では同じだとも言える。そういう意味では確かにダイオウグソクムシは深海のダンゴムシであった。

グソクムシたちは死肉に群がるから捕まえやすい。肉を入れた罠を深海に沈めて引きあげると、比較的簡単に捕獲できる。おまけにグソクムシたちは水圧の変化に強いから、水を冷たくしておけばそのまま水槽で飼育できるし、それに人気者だ。こういうわけでグソクムシは水族館で飼育展示されることがよくある。

水族館を見学していたら、大小二種類のグソクムシが同じ水槽に入れられているのを見た人もいるであろう。これはダイオウグソクムシとオオグソクムシ、近縁の二種類が混ざって展示されているからだ。大きいのがダイオウグソクムシで全長は45センチ。この種類は北米から南米の大西洋沿岸にいる。つまりは地球の反対側で捕獲されて、はるばる日本まで運ばれてきたものだ。すんでいる水深は400〜700メートルぐらい。

一方、小さいのはオオグソクムシで、これの全長は15センチ。オオグソクムシは日本近海にいて、こちらは日本で採集されて展示されている。すんでいる水深は300〜600メートル。日本産であるオオグソクムシの学名はバシノムス・ドエデルレイニ（*Bathynomus doederleini*）。読めばわかるようにダイオウグソクムシとは学名がちょっと違う。上はバシノムスで同じだが、下が違っている。苗字は同じだけども名前が違うと思えば良い。山田太郎さんと山田次郎さんみたいなものだ。

グソクムシの仲間は他にも何種類かいるが、苗字は同じバシノムス。見た目はいずれも似たり寄ったりで、体型がおデブか痩せか、あるいは人間でいうとすね毛が多いか少ないかとか、そんな程度の違いしかない。そもそも深海にすむダイオウグソクムシと陸にすむダンゴムシでさえ体の基本構造が同じなのであるから、深海種のグソクムシたちが全部似たりよったりなのは当然かもしれない。深海から陸上まで形そのままで対応可能とは、ダンゴムシの体はえらく汎用性があるデザインらしい。

†進化も退化もまだない生活

あるいは話が逆で、体の基本構造が同じなのは深海種も地上種も同じ生活をしているせいかもしれない。どの種類も暗がりにいて、地面を歩いている。海と陸の違いがあるとは言え、同じと言えば同じだ。だったら変わる必然性はないだろう。しかしおかげで、これぞダイオウグソクムシの個性だ！　と言えるのは大きさだけになってしまった。

たとえば深海というと暗い世界であるから、目が奇妙な進化をすることがある。デメニギスの不思議な目は光を集めることに特化したし、反対にチョウチンアンコウの目は役割をほとんど失って、小さくなっている。この点においてもダイオウグソクムシは無個性であった。目が特に発達するということはなく、感度が上昇しているという証拠もない。普通に普通の目があるだけだ。そもそも彼らにとって目はさほど重要な器官ではないらしい。普大好物である死肉を見つけるのも、目ではなく匂いで探し出す。さりとて目はもう必要ないから退化しましたということもない。かようにダイオウグソクムシたちの目は暗闇への

ダイオウグソクムシ（*Bathynomus giganteus*）は全長45センチ。北米から南米ブラジルまでの大西洋沿岸、水深400〜700メートルの深海にすむ。7対14本の足を持ち、体の基本構造は陸上のダンゴムシと変わらない。

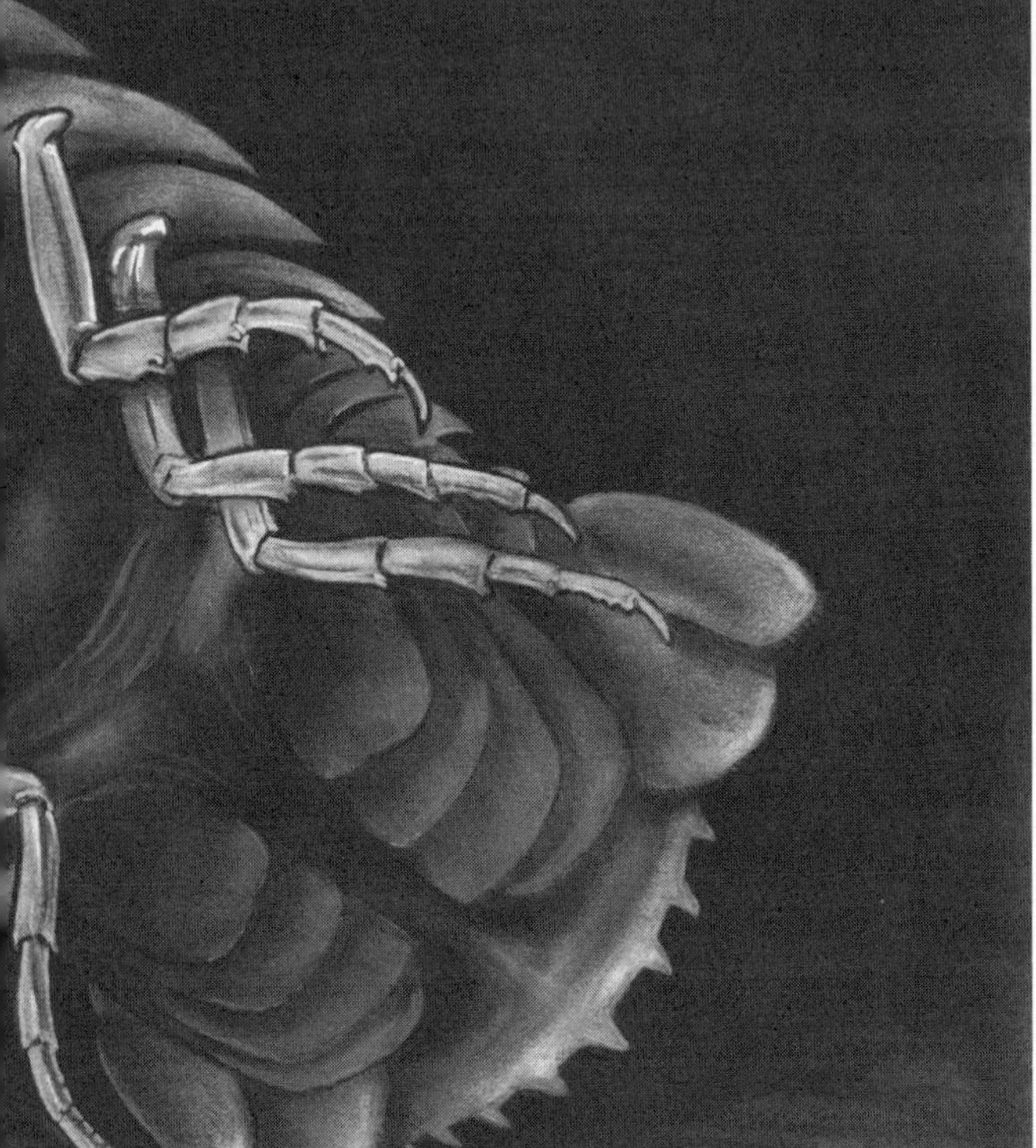

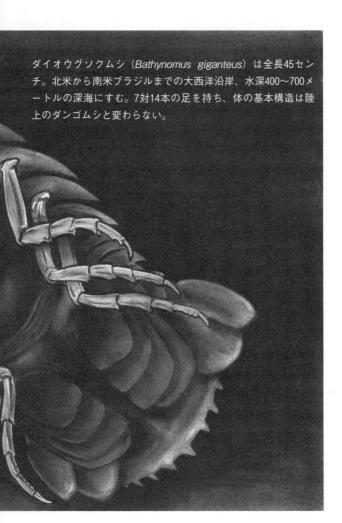

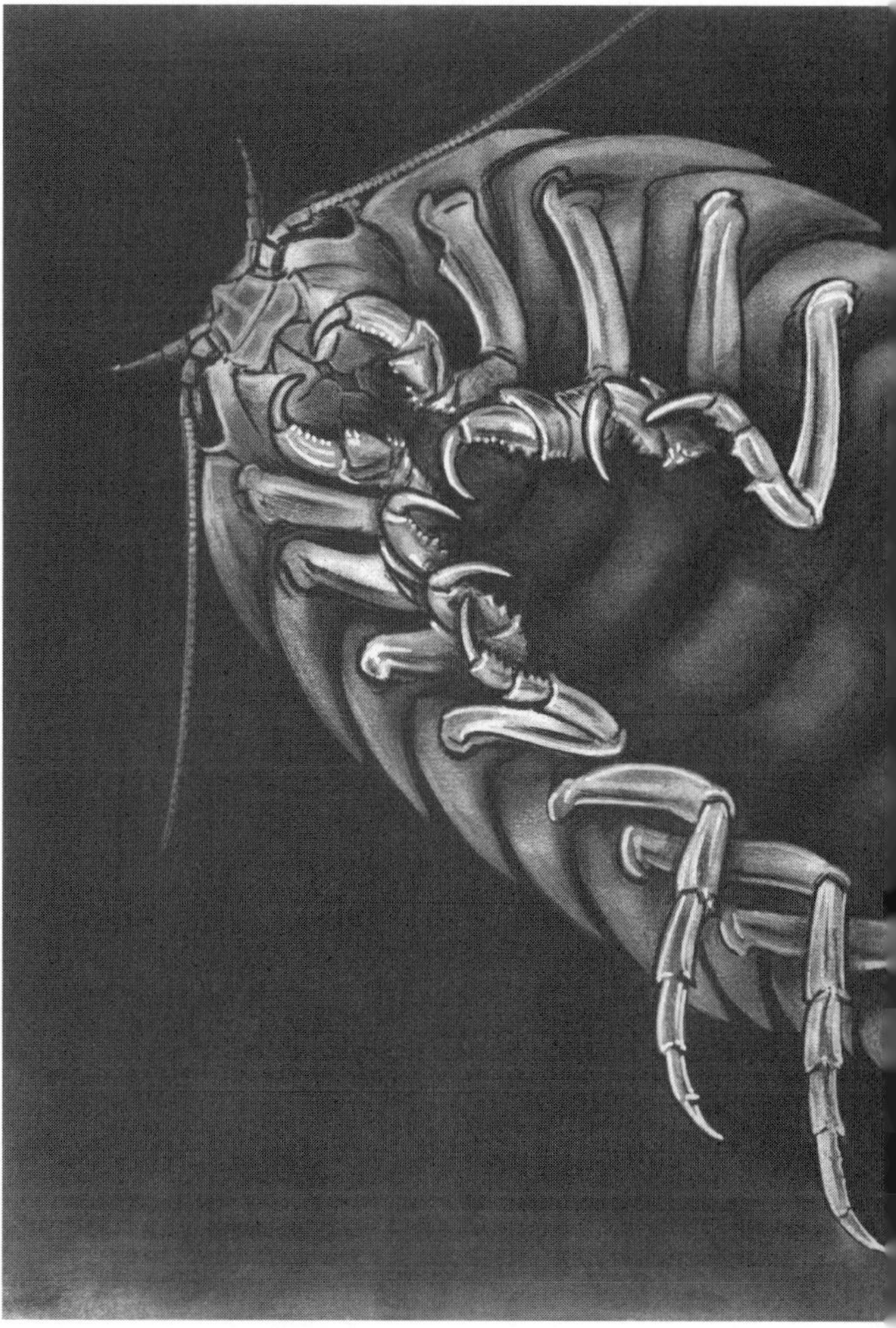

適応を示さないので、彼らは暗い深海に進出してまだ歴史が浅いのではないか？　という意見もある。つまり、最近になって暗闇の世界にやってきたので進化がまだ進んでいないという解釈だ。

しかしダイオウグソクムシたちの歴史はそれなりに遡る。日本でも１２５０万年前の化石が見つかっており、進化の時間が足りなかったとはあまり思えない。有利であれば進化は即座に起こるし、不利であれば器官の消失が即座に起こる。私たち人類は３００万年の進化で脳が3倍に大きくなり、身長は１・４倍に伸び、そして体毛を失った。グソクムシたちの歴史はこの4倍以上であって、進化の時間は十分すぎる。しかるにダイオウグソクムシの目が発達するでもなく、退化するでもないということは、今のままで別にかまわないということなのだろう。そういうわけでダイオウグソクムシたちは、目にも特に変わった点はないのであった。これはギミックだらけのデメニギスやチョウチンアンコウとはまるで正反対である。

かようにダイオウグソクムシ、ほとんど唯一の売りが、大きいということなのだが、この巨大化は暗く見通しの利かない深海だからこそできた芸当だろう。今の地球の海において、他の海洋生物を圧倒するのは魚だ。魚でない海の動物は、魚の目が届かない場所、夜の海、あるいは永久に闇が続く深海でしか自由に行動できない。グソクムシはダンゴムシとつくりは同じなのに、圧倒的に体が大きい。その驚くべき巨大化は、魚の目を逃れられる深海だからこそ実現できたと言えよう。浅い海では魚の目が届かない隙間に逃げざるを得ないから、どうしても体が小さくなり、反対に深海では巨大化が可能なのである。

†生きたままのサメの内臓を食い荒らす

体が巨大であるだけにグソクムシたちは嚙む力が非常に強い。罠を包むアイロンネットをがりがりかじって食い破って逃げ出すし、網にかかって抵抗できないサメの肛門をかじって体内へ侵入、生きたまま相手の内臓を食い荒らす。私は4、5センチ程度の大きさのオオグソクムシに嚙まれたことがあったが、めちゃくちゃ痛かった。もしこれが45センチのダイオウグソクムシだったらさてどうなるか？　あれはもう猛獣と考えた方がいいかもしれぬ。ところで、オオグソクムシが私に嚙みついた時、そいつは口から茶色い液体を吐いた。よくバッタを捕まえると口から吐き出す汁のようなものである。当然、グソクムシに嚙みつかれた傷口にそれが浸み込むのだが……妙なことにその後、傷がおかしな治り方をした。汁をきれいに洗い落としたはずだのに、傷口周辺の組織がやがて変色、茶色くなって、数日後、干からびるようにぽろっと取れた。あれがなんなのかわからない。口から吐き出すとは胃の内容物であったろうし、もしかしたら胃酸とか消化酵素とかが含まれていたのかもしれない。もしかしたらそれが私の傷口と組織をすみやかに殺したのかもしれない。これはオオグソクムシによるものだが、近縁種であるダイオウグソクムシも多分、同じことをするのだろう。しかしこれは個人的な経験であってこれ以上のことがわからない。類似の事例を聞いたこともない。

以上を読めば、なぜあなたはダイオウグソクムシについて書いてくれないのですか？という読者からの問い。それに対する私の答えがわかるであろう。ないない尽くしを延々と書いて申し訳ないが、ダイオウグソクムシについて書けることはなにひとつとしてないのである。

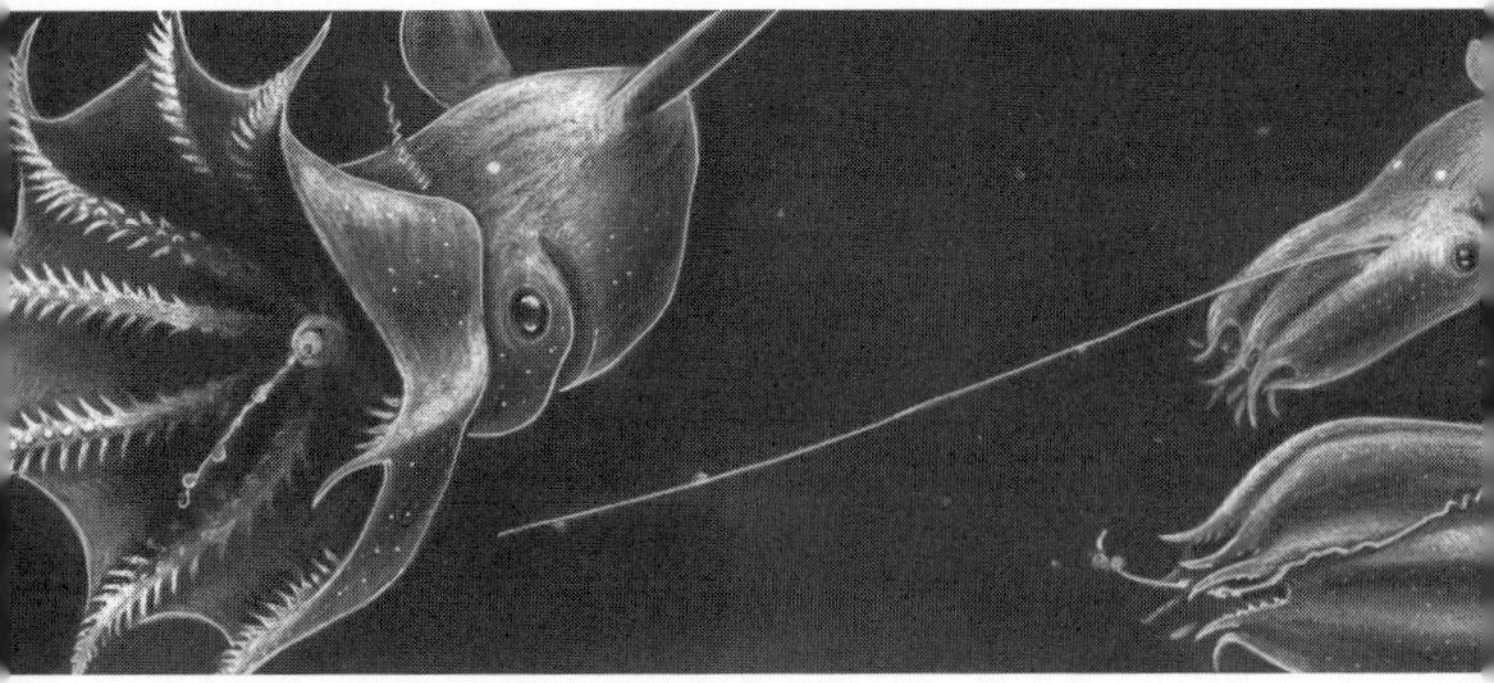

第 3 章

生きた化石は深海にいる

10　オウムガイ――貝がイカに進化する過程

†貝とイカの共通点

　イカは貝の仲間である。論より証拠、スーパーで売っているスルメイカやアオリイカを調理してみよう。まず腹側から頭巾に包丁を入れて切る。そして足と頭を掴み、内臓を抜く。こうすると切り開かれた頭巾が残るのだが、よく見ると頭巾の内側、背中側の正中線に細長い透明なものが見つかるだろう。これは丈夫で歯で嚙み切れるものではないから、調理する時には取り除く必要がある。実は、これこそがイカの貝殻だ。

　しかし、この奇妙な代物を見て貝殻だと思う人は、まあいない。それならコウイカならどうか？　同じように頭巾を切り開いてみると、それはそれは立派な貝殻が見つかる。背面はつやつやと輝き、腹面は白く落ちついている。素材はカルシウム。つまりアサリと同じ。ほら、貝殻だ。ちなみに鳥のカルシウム源として売られるカトルボーンとは、このコウイカの貝殻に他ならない(カトルボーンはイカの骨の意味)。

それでも納得いかない人は、オウムガイを見てみよう。こちらは誰が見ても貝殻であり、その見た目は巻貝だ。しかしオウムガイには発達した目があり、長く伸びる腕がある。つまり体の基本構造はイカと同じだが、その身は立派な貝殻で覆われている。

イカは、最初は貝殻でその身を覆っていた。しかしいつしか貝殻はコウイカのように体内に収納されて、ついにはペラペラのビニールみたいなものに退化した。これがイカの進化のあらましだ。ではオウムガイは何かというと、これは普通の貝からイカが進化する、その途中の過程を今に残した生き物。つまりオウムガイは生きた化石なのである。

オウムガイはインドネシアなど、東南アジアの海にいる。すんでいる水深は150から600メートルぐらい。平均すると200から300メートルの深さにいることが多い。かようにオウムガイは深海生物でもあった。熱帯の海にすんではいるが、深海生物なので冷たい海水でないと飼育できない。大きさは20センチほど。かつてオウムガイは世界中の海にいて、もっと栄えていた。しかし時代が過ぎるに従い徐々に衰退し、今では東南アジアの深海に残るのみとなった。この海域の深海にはシーラカンスも生き残っているから、東南アジアの海域は古い時代の生き残りをすまわせる、なにか都合の良い場所なのかもしれない。

†世界中で知られる美しい貝殻

さて、オウムガイの名前の由来は何だろう？　先にリュウグウノツカイで登場した江戸時代後期の医者、栗本丹州は『栗氏魚譜』4巻でオウムガイについて次のように書いている。

「蘇頌《そしょう》（11世紀、宋の医者）によると、オウムガイの形はオウムの頭の如しで、盃をつくることができる。『嶺表録異《れいひょうろくい》』（9世紀、唐の書物）によると、オウムガイはそのぐるぐる曲がる様子がオウムのくちばしのようなので、この名であるとする。」

オウムガイは中国では1000年も前から知られていたことがわかる。貝殻は盃に加工されていたし、その名前はオウムの頭に見立てたのか、それともくちばしに見立てたのか由来がすでに不明瞭になっていたこともわかる。とはいえ、名前が鳥のオウムに由来するのは確かだ。

オウムガイは日本、中国はもとより、中東のイスラーム世界、さらには西欧でも古くから知られていた。ただし、生きている姿は誰も見たことがなかった。それはそうだ。これらの諸地域はオウムガイの原産地である東南アジアからはるかに遠い。見つかるのは潮の流れに乗って漂い、はるばる何千キロも運ばれて漂着した貝殻だけである。

オウムガイの貝殻は美しい。その輪郭はきれいな螺旋《らせん》。白地の殻に落ち着いた茶色の縞が入り、巻きの奥は黒に近い紫に染まっている。しかも内部は輝く真珠色。かように美しい貝殻であるのにどこからくるかわからない。それゆえオウムガイは珍品であった。日本や中国では貝殻を盃に加工したが、中世ヨーロッパの人も同様で、オウムガイの殻を加工して盃をつくった。

美しく希少な貝殻オウムガイ。なぜ貝殻だけが漂着するのか？　17世紀初頭の中国、明の時代に書かれた博物書『三才図会』には次のような説明が書かれている。

「オウムガイの（殻）は白く、上の部分は紫色で（貝殻は）鳥の形をしている。オウムガイの肉（つまり身）の部分は食事をする時は殻から抜けて出かける。するとヤドカリがやってきて、代わりに中に入り込む。そして身が帰ってくると、ヤドカリが出ていく。魚によって身が食われると、貝殻は浮き、これを人が手に入れて盃にするのである。」

身の部分が貝殻から出たり入ったりする。それのみならず、家主が留守の間はヤドカリ

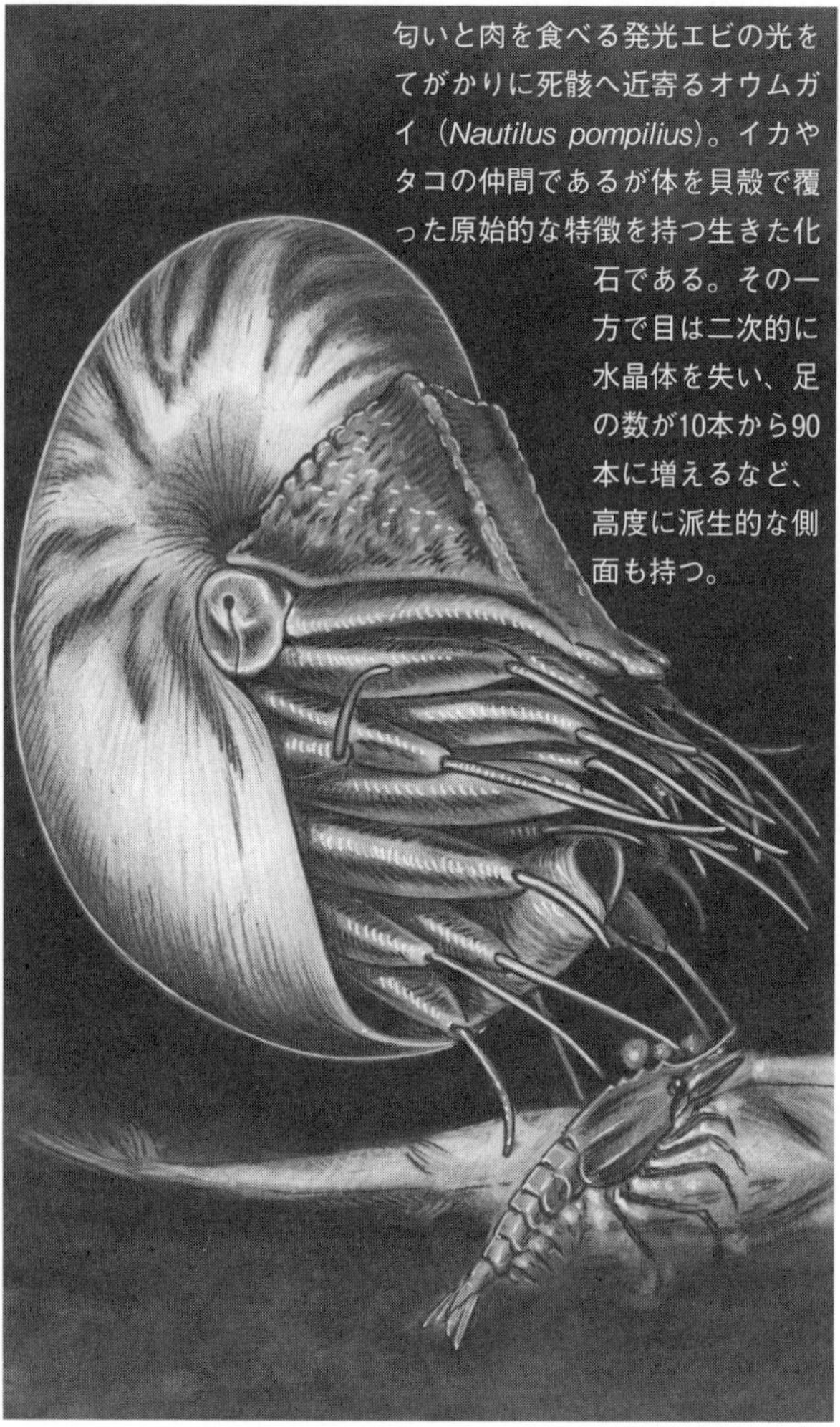

匂いと肉を食べる発光エビの光をてがかりに死骸へ近寄るオウムガイ（*Nautilus pompilius*）。イカやタコの仲間であるが体を貝殻で覆った原始的な特徴を持つ生きた化石である。その一方で目は二次的に水晶体を失い、足の数が10本から90本に増えるなど、高度に派生的な側面も持つ。

が入り込んでいる。なんともファンタジックな説明だ。しかし、身が食われると貝殻が浮いて漂流する。この部分はなかなか慧眼と言える。生きた姿が見つからないとは、海の深い場所にいるのではないか？　漂着するとは、死んだ後に貝殻が浮くのではないか？　この解釈はかなり正しい。

実はオウムガイの貝殻は中身が空でガスが詰まっており、浮きとして機能する。これが漂流の秘密だ。動物は海水より重い。だからそのままでは沈没してしまう。しかしオウムガイは貝殻を浮きにすることでこの問題を解決した。身の重みで体が沈んでしまうなら、貝殻を浮きにすれば良いじゃない。こうしてオウムガイはすいすいと泳げる生き物に進化した。だからこそ、死んでその身が殻から脱落すると、重しを失った貝殻だけがぽっかり海面にまで浮上するのである。貝殻は潮の流れに乗って東南アジアからはるばる中国、日本、あるいは中東、さらにはアフリカにまで流れ着き、西欧の人は交易で手に入れる。そういうわけだ。

†オウムガイの三日天下

重くて動きの鈍い貝類からスタートし、泳ぐオウムガイが進化し、そして素早く軽量な

コウイカとその貝殻。イカも貝でありオウムガイの仲間から進化したが、貝殻は体内に収納されている。

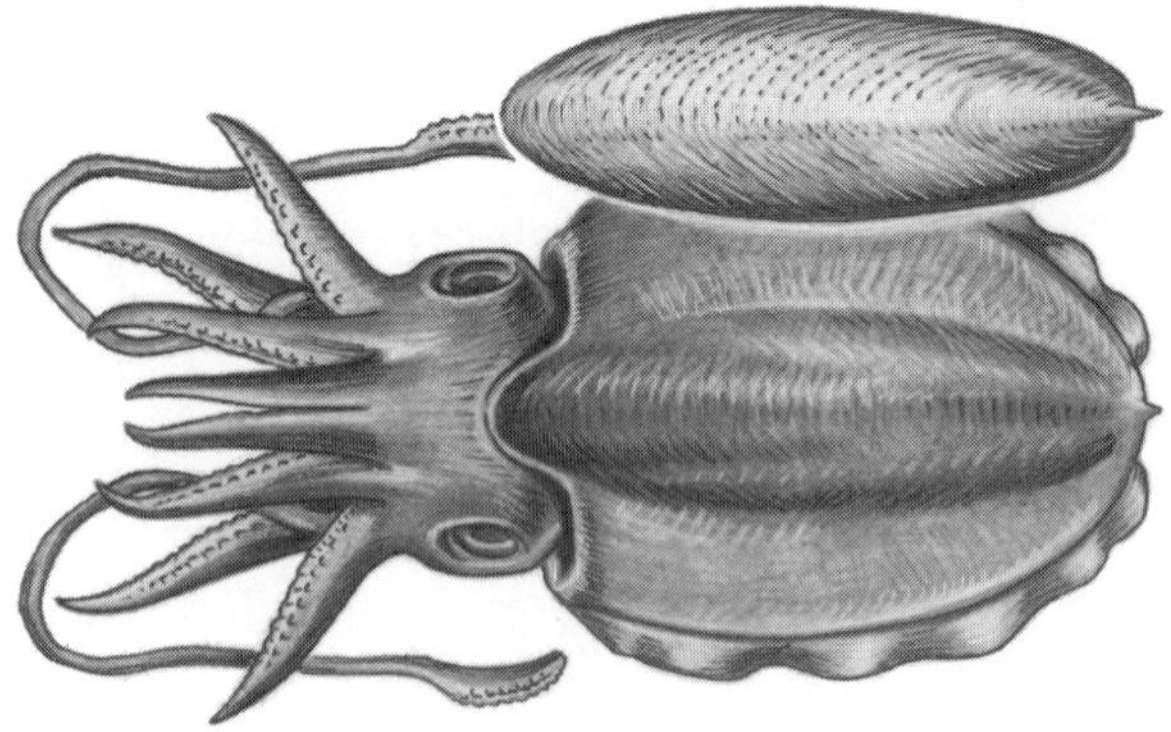

イカが全盛期を迎える現在。ここに至るまで本当に長い時間がかかった。今度はその進化の歴史を見てみよう。それは成功と挫折の歴史であった。

　貝の仲間が地球上に現れたのは古い。一番古いものはおよそ5億6000万年前にいたキンベレラというものだ。しかしこの化石は素人目にはちんちくりんな楕円の痕跡でしかない。これのどこが貝なのだ？　まず化石をみると正中線に溝がある。これは体を通る腸がつぶれた跡だ。そして楕円の構造。これは足だ。カタツムリの足を思い出せば良い。その足の周囲を同心円状に囲む模様がある。これは鰓《えら》や外套膜《がいとうまく》だ。貝の仲間は足を囲むように鰓が配置され、さ

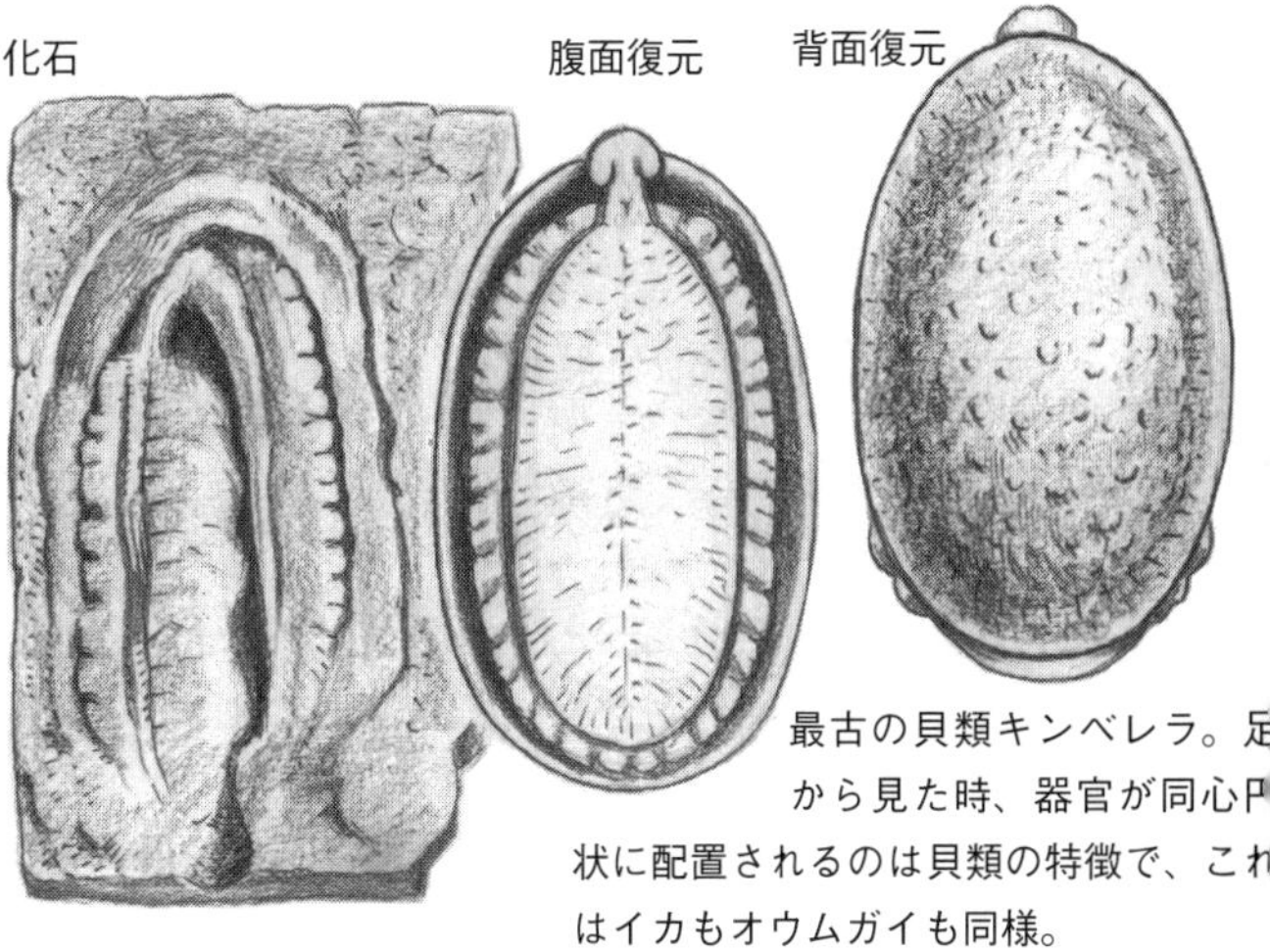

最古の貝類キンベレラ。足
から見た時、器官が同心円
状に配置されるのは貝類の特徴で、これ
はイカもオウムガイも同様。

らにそれを外套という器官が覆うのである。体の器官が同心円状に配置される。これが貝の特徴であった。ちなみにこの特徴は後々重要である。

ところで体を覆う外套膜とやら。何やら小難しい言葉で眉をしかめる人もいるかもしれない。実はこれ、マントのこと。貝類は足や鰓を肉のマント、つまり外套で覆って守る。そしてマントの上に貝殻がついて体を装甲する。外套膜とは英語ではmantle（マントル）。つまり英語本来の意味はそのまんまマントの意味であった。だが日本語に訳した時、ちょっと小難しい、外套膜という単語になったのである。だから外套膜とは単純にマントのことだと思って欲しい。ちなみにイカの頭巾とはこのマントのことであり、ホタテガイの紐《ひも》もマントだ。

さて、最初の貝類キンベレラは殻を持っていたけども、殻はまだ固くなかった。貝がカルシウムで硬質化した殻を持つようになったのは5億4000万年あまり前。最初の出現から2000万年が経過した後のことである。こうして貝は重装甲な生き物となった。安全ではあるが体が重く、動きが鈍い。そんなのろのろ動く貝たちの中に、殻の内部を仕切りで区切ってガスを詰め、浮きとして使うものが現れた。プレクトロノセラスという生き物である。時代は4億9000万年前。ここまでくるのにさらに5000万年が経過した。大きさは7ミリ程度。指先にのるようなちっぽけな生き物だが、この小さな存在こそがオウムガイの始まりだ。

浮きを使って自在に動く。この新発明によってオウムガイは他の貝にはない機動性を手に入れた。いや貝類たちだけではない、当時のすべての動物に対して機動力で優位に立ったと言って良い。姿も大幅に変わった。速く動くには神経が良くなければいけない。周囲を見る目も必要だ。浮遊生活をするようになった今、足の機能も変わった。かつて海底を這い進むためだった足は、分岐して複数の腕になり、獲物を捕まえる機能を持つようになった。こうして貝の中から機動力を武器に戦い、発達した神経と目で周囲を探り、腕で獲物を襲う肉食動物が進化したのである。

さらに3000万年が経過した4億6000万年前。オウムガイたちは海の覇王になっていた。当時は5メートル以上もある巨大肉食種もいて、古代の海に君臨したのである。しかし、栄光は9000万年後に終わった。海のトッププレデター、すなわち最上位捕食者に上り詰めた彼らはみるみる衰退してしまう。原因は魚という強敵の出現であった。

†オウムガイと魚、海の覇権争い

魚も歴史が古いが、当初はあまりふるわなかった。しかし顎と歯を進化させたことで状況が変わる。魚が恐ろしいのはリン酸カルシウムで硬質化した歯を持つことだ。これは貝殻という最強の防具もあっさり破壊できる。貝類の防御は無敵の盾ではなくなった。

さらに貝殻を浮きにするという戦略も、今となっては仇になった。貝殻にガスを詰めて浮きにする。これはなるほど良いアイデアだが、致命的な弱点がある。いくら浮力を得て軽くなっても、質量自体は重いままだ。動作にはどうしても制限がある。仲間の貝類と比べればオウムガイは機動力がある。サザエよりは断然素早い。しかし絶対的には重くて機動性がない。現在のオウムガイの遊泳速度は毎秒25センチ程度。これでは魚に勝てるわけがなかった。

　こうしてオウムガイたちは覇王の地位から滑り落ちることになった。海は魚たちのものとなり、オウムガイたちは暗い深海に逃げ込み、潜むこととなる。実際、魚が海の覇者になる前にトッププレデターだった動物たち。彼らの末裔は、現在の海ではいずれも夜行性か、あるいは深海性だ。魚という強敵に見つかりやすい昼間は穴に入り、あるいは深海の闇に潜って隠れる。そして、見通しの利かない夜になると活動するのである。

　オウムガイも普段は深海に潜んでいるが、夜になると浅い場所にまで上がる。そうして死んだ動物などを見つけては、暗がりで肉をあさり、朝がくると深海へ戻る。もしぐずぐずしていて夜が明けたら大変だ。ゴマモンガラのような魚が、帰り遅れたオウムガイを目《め》敏《ざと》く見つけて襲ってくる。

†強敵ゴマモンガラ

　東南アジアの暖かい海にすむゴマモンガラはド派手な姿をした熱帯魚で、フグの仲間だ。フグの仲間は歯が集合してできたクチバシを持っている。ゴマモンガラもそうで、彼らはこれを使ってエビやウニを襲い、当然、オウムガイにも襲いかかる。オウムガイは体を縮めて必死の抵抗を試みるがどうにもならない。そもそもゴマモンガラはオウムガイの殻をばりばりと噛み砕いてしまう。最強の防具が破壊される以上、防御はほとんど無駄な抵抗で、逃げようにも毎秒25センチなどという鈍足では話にならない。これでは魚の10分の1の速度ではないか。防衛するには装甲が薄く、逃げるには装甲が重い。オウムガイたちが海の覇者から滑り落ちたのは、この悲惨な光景を見れば納得だろう。

オウムガイたちが覇王になったのは非常に古い時代だった。恐竜時代になると彼らはすでに敗退し、深海で暮らす生き物になっていた。恐竜時代というとアンモナイトが有名だが、アンモナイトもオウムガイの親戚であり、巻いた貝殻を浮きにして生活した。当然、オウムガイと同様、海の深い場所に隠れていないと食われてしまっただろう。ちなみに私がこの本と同じく、ちくま新書から出した『大人の恐竜図鑑』の中でアンモナイトを登場させなかったのはこれが理由だ。アンモナイトは肉体の制限ゆえにモササウルスなどがすむ海の浅い場所で生活できる種族ではない。いたらひとたまりもなく魚や爬虫類に一掃されて、抹殺されてしまっただろう。実際、最近の研究だとアンモナイトは水深100メートルとか200メートルとか、概してそれ以上とか、そういう深くて暗い水深にすむことがわかっている。

こうして貝殻を持つオウムガイやアンモナイトには受難の時代が続いた。まあ受難の時代と言っても暗がりにいれば良いわけで、住めば都。深海生活も慣れてしまえば気楽なものである。

†運命の分岐点

暗がりの中でオウムガイは存続し、アンモナイトの繁栄は何千万、何億年と続く。その一方で、まったく別の方向へ抜け道を見つけた種族が現れた。それがイカだ。イカは貝殻を体内に収納し、さらに退化、縮小させた。こうして体を軽くする。筋力を高めて体が沈まぬように泳ぎ、高速遊泳ができるように進化した。現在のイカは毎秒2メートルで泳げるし、その速度はオウムガイの8倍以上。魚に匹敵する速さを誇る。イカは軽量化を果たすことで最強の敵である魚に食らいついたのである。

ではオウムガイたちはどうなったか？　その運命は多くの人が知るところでもあろう。親戚のアンモナイトは絶滅してしまった。6500万年前、恐竜を滅ぼした巨大隕石の衝突。この時、アンモナイトも恐竜と共に滅びた。原因はわからない。ただ、アンモナイトはごく小さな卵から生まれるので、これが絶滅の理由と考える人もいる。アンモナイトの卵と子供は本当に小さい。大きさは1ミリ程度。こういった小さな子供はプランクトンとして海の表面を漂い、小さな生き物を食べて成長しなければならない。しかし、このような場所と生活は、巨大隕石の衝突で一番打撃を受ける場所でもあった。隕石衝突による生態系の崩壊に、アンモナイトの小さな幼生はひとたまりもなかっただろう。

反対にオウムガイの卵は楕円形で縦横が4センチと2センチ。生まれてくる子供も3センチぐらいある。しかも子供は親と同様、死んだ動物の肉などを食べる。これなら崩壊した生態系の中を生き延びられそうだ。他の種族が死に絶えるのならば、死にゆくその肉を食べれば良いではないか。そして実際に生き延びた。

だが、徐々に進行する衰退は食い止められなかった。生物の繁栄と絶滅は生存競争によって決定される。不利が累積すれば、いかなる種族にも先細りの未来が待っている。軽量高速化で魚に食い下がったイカと対照的に、昔ながらの生活を続けるオウムガイは数を減らし、分布をせばめ、東南アジア以外の個体群は滅び去った。何千万、何億年と続く長い長い衰退の道。これがオウムガイの歴史であった。

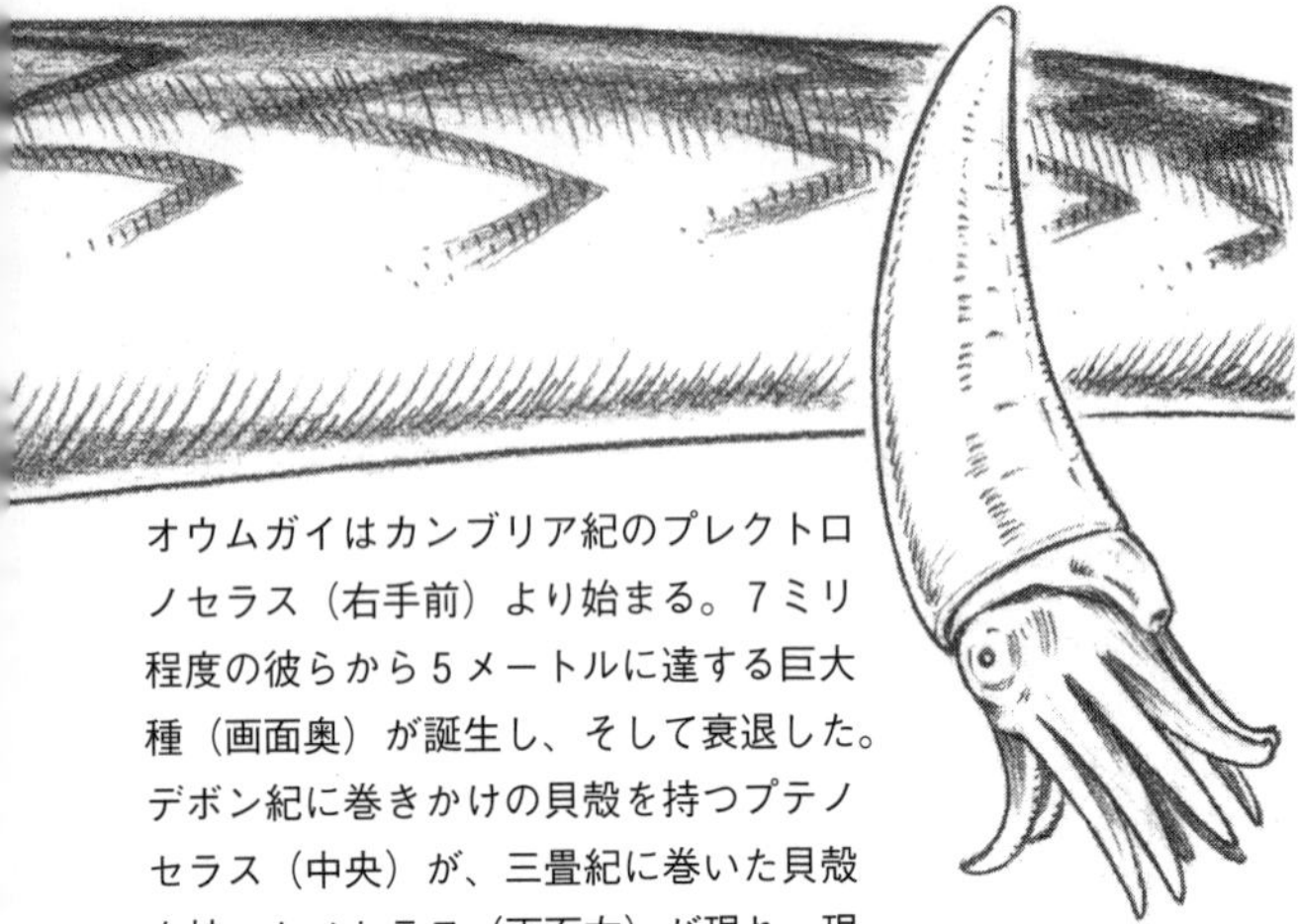

オウムガイはカンブリア紀のプレクトロノセラス（右手前）より始まる。7ミリ程度の彼らから5メートルに達する巨大種（画面奥）が誕生し、そして衰退した。デボン紀に巻きかけの貝殻を持つプテノセラス（中央）が、三畳紀に巻いた貝殻を持つセノセラス（画面左）が現れ、現代のオウムガイへ続く。

オウムガイの謎

次にオウムガイの特性について話そう、昔ながらの生活をするオウムガイ。彼らは原始の生き残りである。基本的にこの理解は正しい。ただし、オウムガイの体のすべてが原始を留めた形であるかは疑問だ。まず彼らの腕の数。イカは10本腕、タコは8本腕。ところがオウムガイの腕は一体何本あるのだろう？　そう戸惑ってしまうほどたくさんの腕が生えている。その数およそ90本。実に多い。

これを見てたとえばイラストレーターは考える。なるほど、古代の海で栄えた巨大なオウムガイたちもたくさんの腕が

あったに違いない。イラストレーターはそうやってオウムガイを参考に復元画を描く。私も考えなしにそう描いたことがあるが……残念、これは間違いだ。卵の中で体ができていく。その時の様子を観察するとオウムガイも最初は10本足で始まるのである。要するにオウムガイの異様に多い腕の数は、基本の10本腕から二次的に数を増やした結果なのだ。だから古代に栄えた巨大オウムガイたちを現代のオウムガイのように描くのは正しくない。残されたかすかな手がかりからすると、古代種はおそらく10本腕だった。

同じことは目についても言える。オウムガイの目をよく見ると、なんというか、点がぽつんとあるだけだ。これは水晶体というものがないからである。水晶体はレンズであり眼球内部に映像を結ぶために必要だ。しかるにオウムガイの目には水晶体がなく、ただ、穴が開いているだけ。これはいわばレンズがないカメラにたとえられる。ここでイラストレーターは考える。オウムガイは原始的な種族だ。だから彼らの目はレンズが発明される前の、古いタイプの目なのだろう。すると、古代のオウムガイたちの目も、こういう原始的なものであったに違いない。そう考えてイラストレーターたちは現代のオウムガイと同様な目つきで古代のオウムガイを描く。

だがこれも解釈として怪しい。進化というものは有利が蓄積する過程である。もし水晶体を持つことが有利であれば、即座にレンズのある目が進化する。これに必要な時間は推論するに数十万年とか100万年程度。これは長いようで、実は短い。化石記録では進化の過程が追えないほどの短時間だ。かようにレンズのある目は瞬間的に出現できる。古代のオウムガイたちは浅い海にいたわけで、水晶体がなければ狩りができない。古代の覇王であったオウムガイたちは水晶体を持っていたと考えるのが無難だ。

さらには次のような想像もできる。現在のオウムガイも本来は水晶体を持っていたのではないだろうか？　オウムガイは何千万、何億年と暗がりの中で生活してきた。目を持つ動物の中で、これほど長く暗い世界で生きてきたものは、そうはいない。長い闇の生活でオウムガイは必要のない水晶体を二次的に失った。その可能性だってあるだろう。

実際、最近になってオウムガイの目をつくる遺伝子は、タコやイカと同じであることがわかってきた。しかしオウムガイの場合、一部の遺伝子が機能を果たさないので、水晶体がつくられないのである。オウムガイの祖先は水晶体を持つ動物だった。しかし進化の過程で必要がなくなったので、オウムガイは二次的に水晶体を失った。そういうことである。

ちなみに水晶体を持たないオウムガイだが、彼らはちゃんと映像を見ている。映像を見るために必要な水晶体を持たないのに、映像がわかるとはこれいかに？　この秘密は彼らの目に開いた小さな穴だ。世の中にはピンホールカメラというものがある。これはレンズがないカメラで、レンズの代わりに小さな穴がある。ピンで開けた小さな穴、すなわちピンホール。このように小さな穴を通過した光は、進路が曲がり、映像を結ぶ。光が持つこの性質を利用して映像を撮影する器具。それがピンホールカメラだ。オウムガイの目はピンホールカメラと同じ原理で映像を結ぶ。

こうしてオウムガイはものを見ることができる。ただしピンボケ。ピンホールが映像を結ぶにはそれなりな距離が必要だが、オウムガイの目の大きさはそれに足りない。要するに焦点《ピント》が合わないのである。だからピンボケ。とはいえ、オウムガイは暗くて見通しが利かない水の中にいる。見える景色は最初からぼんやり状態なわけで、視界がピンボケでも別に困らない。

実際、オウムガイは周囲の様子をちゃんと把握できるという。『オウムガイの謎』という本があるが、この中で取材に答えたオウムガイの研究者アンナ・ビダーは、彼女が飼育したオウムガイが、水槽の中の様子をちゃんと見て覚えて行動する様子を語っている。暗がりで行動するオウムガイは、かすかに見えるシルエットで岩やサンゴといった、周囲の地形を覚えているらしい。ピンホールカメラでも十分用が足りていることがわかるだろう。そして今のままで十分だから水晶体も進化しない。そういうこともわかるだろう。

古い時代の生き残り、原始的で劣った動物という印象を持たれがちなオウムガイ。それは一面では正しい。彼らは魚に対抗することをやめて深海へ逃げ込んだ。しかし彼らは何億年も続く生存競争を生き抜いてきた種族でもあり、その体には高度に派生的な側面もある。原始と進化の混在。生きた化石オウムガイは極めて魅力的な存在だ。

†ネクトカリス騒動の悲しい裏話

さて、オウムガイの話を終えた今、少し雑学に関する話をしよう。イカは小さな貝類から進化した。それはプレクトロノセラスという生き物だった。先に私はこのように説明した。これを聞いた時、あれ？　最初のイカはネクトカリスでは？　そう疑問に思った人もいるだろう。科学ニュースに興味のある人なら特にそうだ。2010年にこんなニュースが流れたからである。

最古の頭足類はオウムガイではない。バージェス頁岩《けつがん》のネクトカリスである！　頭足類は貝殻を持たないイカから進化が始まった！

センセーショナルなこのニュース、実は根拠のないネタであったのだが信じている人が多い。私が書いたオウムガイの説明を間違っていると思う人もいたはずだし、ここまでネクトカリスについて何の説明もしないから、イライラしながら読み進めた人もいたはずだ。それではちょっと困るので、ネクトカリスについて解説する必要がある。

ネクトカリスとはそもそも何か？　これはマイナーな化石種で、生きていたのは今から5億1000万年前。見つかった化石は当初はたったひとつ。カナダにあるバージェス頁岩から出たものだけであった。報告されたのは1976年。大きさは3センチ程度。メダカのように小さな化石である。その姿はというと、頭には触角がありエビっぽい。しかし

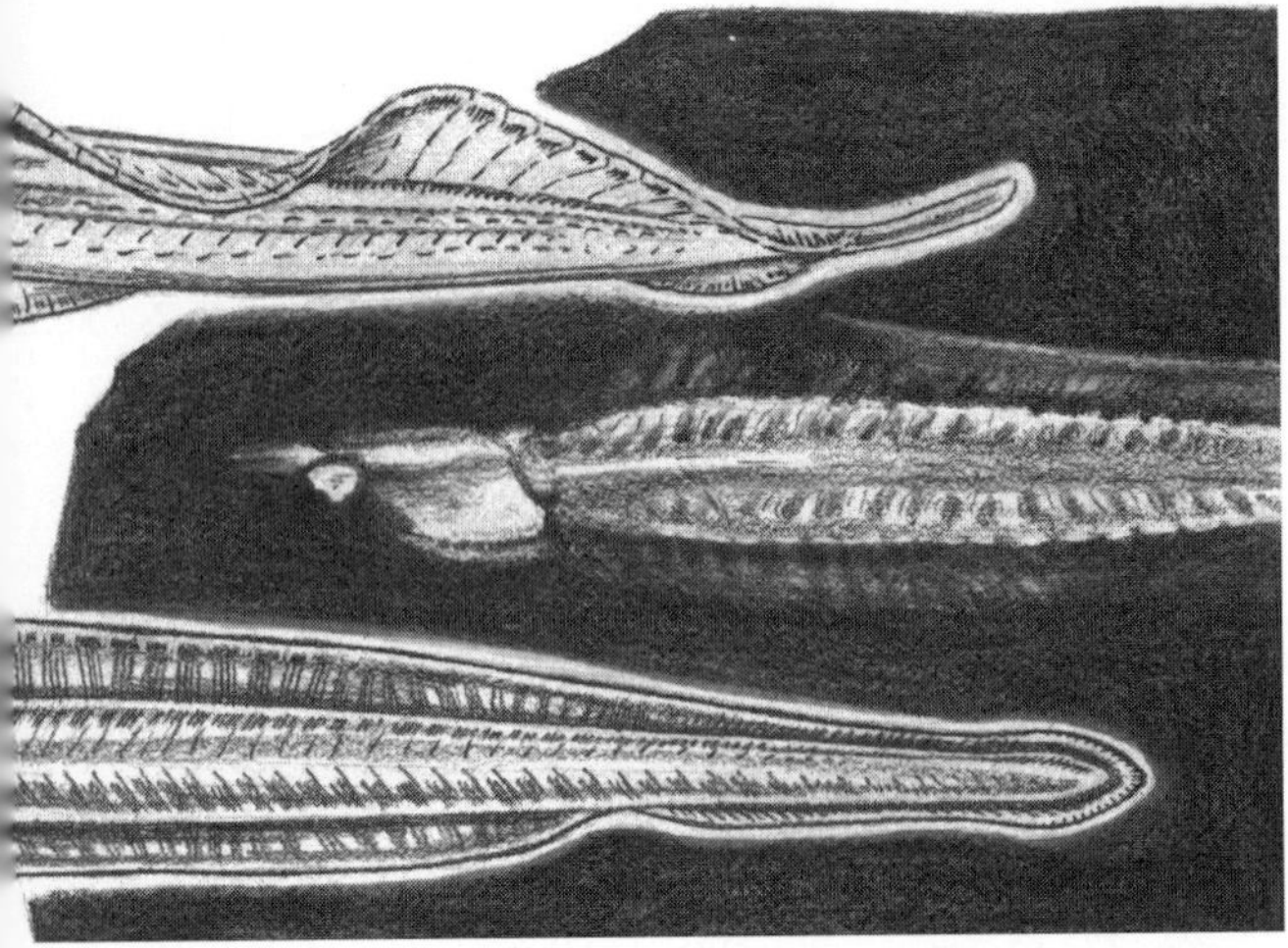

体の方は魚を思わせる奇妙なものだ。とりあえずエビを思わせるその姿からネクトカリス（遊泳するエビの意味）の名前がつけられた。しかし2010年になって、保存の良い化石がいくつも報告される。研究したのはトロント大学のマーティン・スミス博士。博士の見立てでは、ネクトカリスはイカだった。オウムガイと違って貝殻を持たず、しかも生きていた時代はオウムガイの最初の祖先より2000万年以上も前である。

ここでスミス博士は考えた。これまでは固い貝殻を持つ貝類からオウムガイが進化し、その貝殻が退化してイカが進化した。そう思われてきた。しかしネクトカリスを

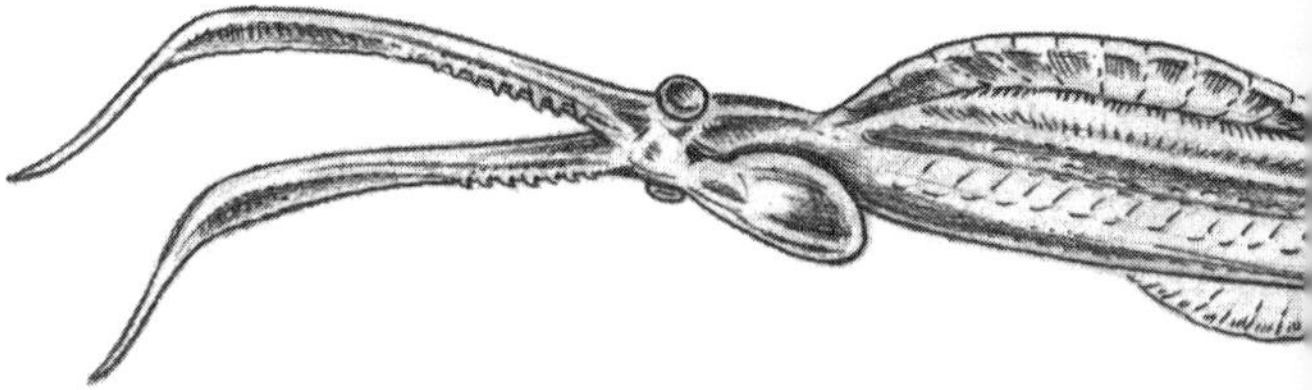

右は最初に見つかったネクトカリスの化石で、頭はエビ、胴体は魚のように見える。下はその復元図。保存の良い化石が見つかり、頭部に２本の触角、エビの頬に見えたのは漏斗、ヒレは横向きであることがわかった（上）。しかし漏斗は実際には口であるらしく、ネクトカリスがイカだという証拠はない。正体はいまだに不明だが、節足動物的な特徴もある。

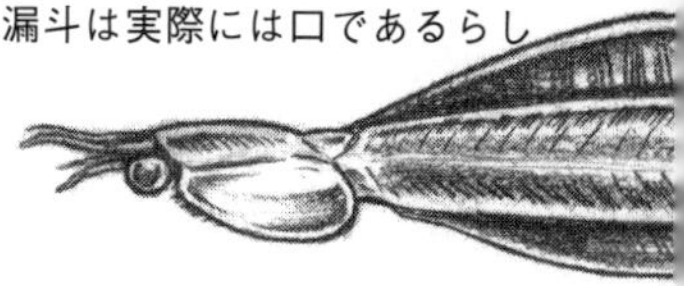

見るに、これまで信じられてきた進化の道筋は間違いだった。最初に進化したのは貝殻を持たないネクトカリスで、それから貝殻を持つオウムガイが進化したのであると。

これは１００年以上信じられてきた理論をひっくり返したもので、科学の大ニュースとして宣伝された。だから科学好きな人を夢中にさせたのである。しかし残念、博士が論文を発表すると、即座に世界中の研究者からいくつも反論が出た。そりゃそうだろう。ちょっと解剖学の知識のある人なら一目瞭然であろうが、ネクトカリスがイカやオウムガイの親戚であるという証拠はまったくないのだから。10本あるべき腕が２本しかない。鰓の配置もおかしい。先ほど、最古の貝であるキンベレラを説明した時、貝の体は器官が同心円状に配置されると書いた。ネクトカリスの鰓はそういう配置になっていないし、形もおかしい。

端的に言ってしまうと、ネクトカリスには貝としての特徴がひとつもないのである。

もちろんスミス博士は主張した。ネクトカリスには漏斗《ろうと》があると。この場合の漏斗とは、イカが持つ、水の吐き出し口のことである（多くの人はイカの漏斗を口だと勘違いしているのだが）。漏斗は水を吐き出して泳ぐイカやオウムガイにとっては重要な器官であり、そして彼らを特徴づける器官でもあった。だからこそ、漏斗を持つネクトカリスはイカの仲間である、そう自信を持ってスミス博士は主張したのである。だが他の研究者に言わせれば、これは漏斗などではない。形も位置もおかしいし、そもそもこれは漏斗ではなくて、口らしい。なぜかというと化石に残された腸とつながっているから。本物の漏斗なら腸とはつながらない。

ネクトカリスがイカであると考えている人は、ほとんどスミス博士ぐらいであるが、ではネクトカリスの正体はなんだろうか？　一部の人は、これは節足動物ではないかと考えた。要するに第一印象のとおり、エビの仲間でしたということだ。個人的にこの線はありだと思う。先ほどネクトカリスの漏斗は口だという話をした。興味深いことにネクトカリスの化石を見ると口が後ろへ向いていることが多い。そして口が後ろを向くのは節足動物の特徴なのである。

かようにネクトカリスはイカではなかった。イカどころか貝であるという証拠すら一つもなかった。だから私が先ほど説明したオウムガイとイカの進化。あの理解は今でもそのまま通用する。読者の皆さんは安心して欲しい。

それにしても、ネクトカリスのこの顚末を聞いたらがっかりする人も多いだろう。なぜサイエンスライターはいい加減な報道をしたのだ？　そう怒る人もいるはずだ。理由は単純。金がないからである。たとえばだ。もしあなたがネクトカリスを正しく理解して記事を書くには、鰓の配置や、漏斗の解剖学的な把握が必要だ。そこまでして書いた記事は一体いくらで売れるか？　今、私が書いた文章なら良くて９０００円ぐらいだろう。もし１日で記事が書ければ日給９０００円。しかし解剖的把握に２日かかったら、日給は４５００円。実際にはもっと時間がかかるので、日給は２０００円ぐらいになるだろう。これでは確認などできぬ相談ではないか。ライターに正しい記事を書いて欲しいとか、皆様、そんな経済的無理を要求しちゃあいけません。そしてこれによって報道のすべてを説明しうることもご理解いただけよう。

雑誌は根拠ゼロの論文を無批判に翻訳し、ライターはそれをそのまま書き写して記事だと自称し、ネクトカリスは最古のイカだった！　こんな煽り記事を皆が鵜呑みにする。今時はどんなジャーナリズムもそうであること、少し注意すればわかることだろう。これは避けようがない。今の世界は40年前に経済学者フリードマンが提案した新自由主義の中にある。実はこの新自由主義、とんでもない欠陥理論であった。その性質上、一部の成功者が自分たちの資産価値を増大させるために不景気を常態化させてしまう。この理論はそういう性質を持っている。その結果が現在の恒常的な不況であり、金を失った出版界は事実を報道する能力を無くした。新自由主義の結果として報道はその機能を喪失する。科学記事を読む人は、このことを念頭に入れた方がいい。あなたがこの先の人生で目の色を変えるセンセーショナルな記事は、まあ十中八九、嘘っぱちか、ふかしなので。

さて、悲観的な現実は脇に置いて、楽しい楽しい深海と闇の話を続けよう。次に登場するのは闇に浮遊するコウモリダコだ。これは貝殻を持つオウムガイからタコがいかに進化したのか、それを教える深海の生き証人だ。

11　コウモリダコ——独自のニッチで1億6600万年

†地獄の吸血イカ伝説

全長13センチ程度の小さな体。しかしその身は真っ黒で、真紅の目がぎょろりとついている。私が本からこの生き物の存在を知った90年代当時、コウモリダコはこういう姿だと信じられていた。大きさは可愛らしいがその造形は奇怪。頭巾についたヒレは悪魔の角のようでもあるし、膜でつながった腕は吸血鬼が羽織るマントのようにも見え、腕にはトゲトゲした肉質の突起もついていた。コウモリダコの学名はバンピロテウティス・インフェルナリス（*Vampyroteuthis infernalis*）。バンピロはバンパイア、つまりは吸血鬼の意味。テウティスはギリシャ語でイカ。そしてインフェルナリスはラテン語で悪魔とか地獄の意味だ。すなわちコウモリダコの学名の意味は「地獄の吸血イカ」。奇怪なその姿を表現した、秀逸でドラマチックな命名である。

しかし黒と赤という吸血鬼な色合いは、実は採集されて死にかけた結果の色であった。海の生き物は生きている時と、死んだ後とでは色がまるで違うことがある。そして深海生物の採集とは、古典的には海に投げ入れた網にかかったものを調べることであった。今でも基本的にはそうで、網にかかり、引きあげられた深海生物は大抵の場合死んでいる。軟弱な体は壊れ、そして色すら変わっていることがある。

深海生物の生きている姿を観察したい。この願いが技術の発達で可能になった2000年代、私たちの前に現れた生きたコウモリダコのその色は、赤みがかったチョコレート色の体と、海のように深い青色の目であった。そして体についた黄色のコイル。実際のコウモリダコは吸血鬼の赤と黒ではなく、落ち着いた茶色と青、黄色という色取りだったのである。

発光器も持っていて光るから、見目麗しい動物でもあった。まず腕の先が白っぽいが、ここが光る。それだけではない、光る腕の先から光る粒々を放出することもできる。彼らは踊るように腕を振って光をばらまく。目の上にも一対の発光器があるし、さらに頭巾のてっぺんにも一対の発光器がある。普段、頭巾のてっぺんの発光器は隠れているが、いざとなると開いてぎらつく目玉のように光る。ひょっとしたら敵を脅かすことに使うのかもしれない。コウモリダコは吸血イカではなかったが、妖怪めいた動物ではあった。

†低酸素環境下ののんびり生活

コウモリダコがすんでいるのは水深１０００メートルあまりの深海で、なおかつ海底から離れた海水中を漂ってすごす。だから体は水分が多くて軽い。深海を調査する技術は年々さらに進んで、採取されたコウモリダコが水族館で束の間、展示されることもある。私は神奈川県にある新江ノ島水族館で展示されたコウモリダコを見たことがあるが、生きてはいるが色はすでに黒くなり、皮膚はすり切れていた。そのすり切れた皮膚の下からのぞくのは、白くて半透明の体。なるほど、イカやタコも、その肉は白身ではある。しかしコウモリダコの肉はなんというか、見た目が寒天というかナタデココっぽい。要するに肉に水気が多いのだ。

肉は水気が多くなると、その分、周囲の海水に重さが近づく。だから沈みにくくなり、浮きやすくなる。深海ですごすコウモリダコを見ると、彼らはゆったりと浮かび、ほとんどじっとしたままだ。ヒレをわずかに動かし、後はコイルのような奇妙な器官を巻いたり、あるいは伸ばすだけ。そしてこの浮遊生活。実のところ防御手段でもあった。コウモリダコが漂う場所は酸素が少ない場所、酸欠の水深であった。

海の水は全部同じに見えて、場所によっても水深によっても環境がまるで変わる。酸素の量だって変化する。北太平洋を例に見てみよう。浅い水深の水は太陽に照らされて暖かく軽く、光合成も盛んに行われて酸素も多い。ここでは1リットルの海水に6ミリリットルの酸素が溶け込んでいる。

この下には冷たく重い水がある。ここの水は酸素が少なく、しかも潜るにつれて酸素量が減り、1000メートルあまりで酸素が一番少なくなる。どの海域もそうだというわけではないが、ここが酸欠の水深となる。酸素の量は1リットルあたり0・5ミリリットルぐらい。表面の12分の1にまで減っている。コウモリダコの敵というとたとえばサメだが、サメはこの水深に入るのを嫌がる。というか呼吸できないので入れない。ホホジロザメならば、海水1リットルあたり、酸素が2ミリリットルぐらい必要だ。しかるに0・5ミリリットルとはそのわずか4分の1ではないか。酸素が少ないこの水深に、サメのような肉食魚は侵入できないのである。

コウモリダコが過ごすのはまさにこの深さであった。彼らは酸欠状態で敵が侵入できない場所をぷかぷか浮かんで過ごす。コウモリダコがほとんど動かないのも当然だろう。盛んに動いたら、さすがの彼らも酸欠になりかねまい。ちなみにこの水深が酸欠になるのは、上から生物の残骸、つまりタヌキソコギスのところで述べたデトリタスが盛んに落ちてくるからである。生物の残骸であるデトリタスを深海生物たちが食べる。するとその時、酸素を消費する。食べるとは有機物を酸素で燃やしてエネルギーをつくる動作だ。だから食べる時には必ず酸素が使われる。しかも深海には光が届かず、酸素を生産する光合成が行われない。原則的に酸素は消費される一方であり、こうして水深1000メートル付近では酸素が減る。特に太平洋はこの傾向が顕著だ。

なお、1000メートルより深くなると酸素の量は再び増えていく。2000メートルで2ミリリットル。3000メートルで3ミリリットルぐらいにまで戻る。これは南極で冷やされて沈んできた海水が流れてくるからで、要するに換気が良くなった結果だ。さらにこの深さになれば酸素を減らす原因になるデトリタスも、上の方ですっかり食われて少なくなっている。だから酸素はもうさほど減ることもない。

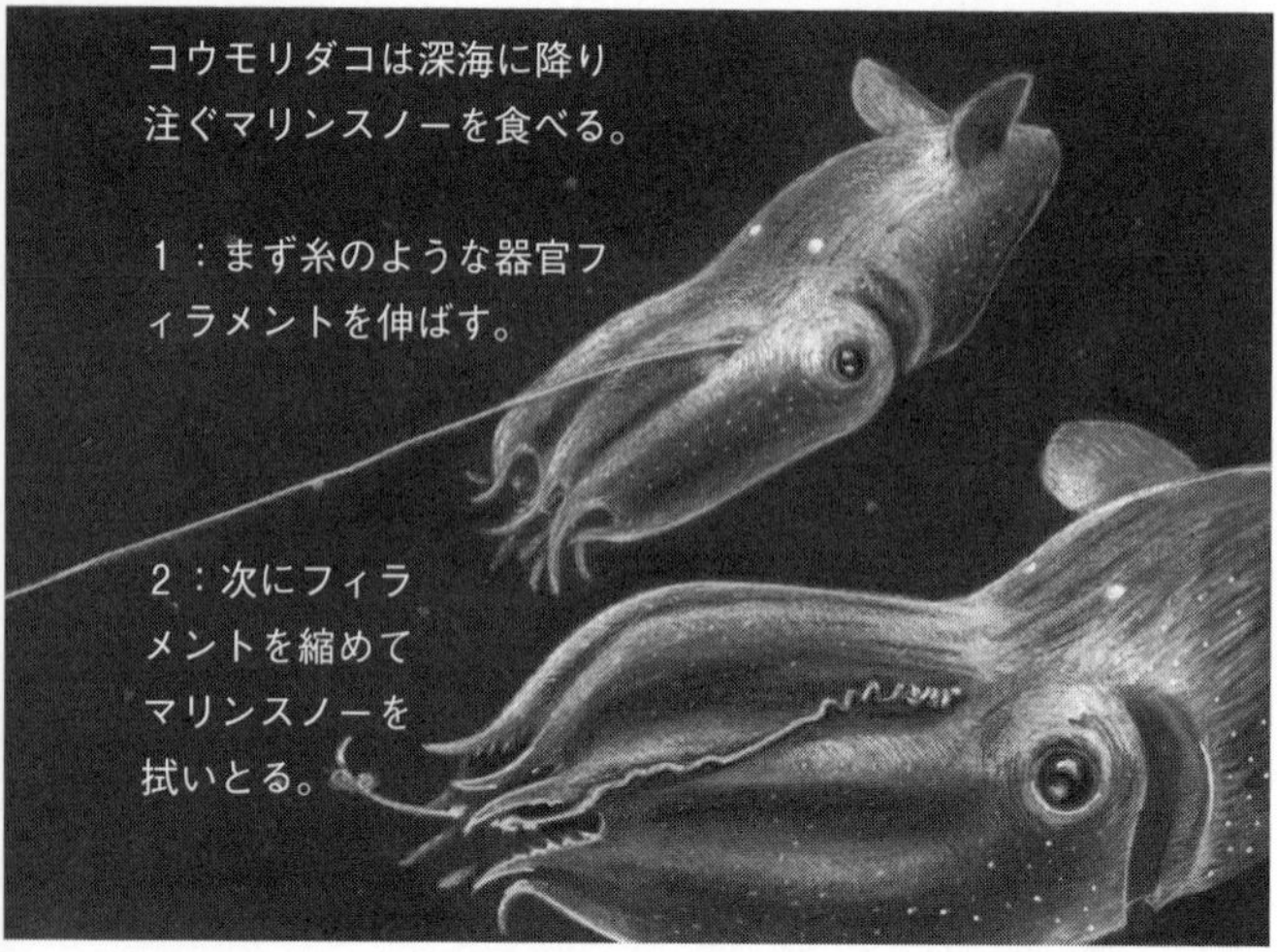
コウモリダコは深海に降り
注ぐマリンスノーを食べる。
1：まず糸のような器官フィラメントを伸ばす。
2：次にフィラメントを縮めてマリンスノーを拭いとる。

†コウモリダコの食事

さて、深さ1000メートル、酸欠の水深に戻ろう。ぷかぷか浮かぶだけで動かないコウモリダコ。何かを探しているようにはとても見えないのだが……彼らは一体全体、何を食べているのだろう？　答えは今ほど話したデトリタス、この場合はマリンスノーだ。先ほどから私はコウモリダコにはコイルのように巻いた黄色の奇妙な器官があると書いた。これはフィラメントと呼ばれている器官だ。フィラメント、すなわち繊維の意味で、この場合は糸と訳した方がいいかもしれない。コウモリダコはこれを使ってマリンスノーを集めて食べる。

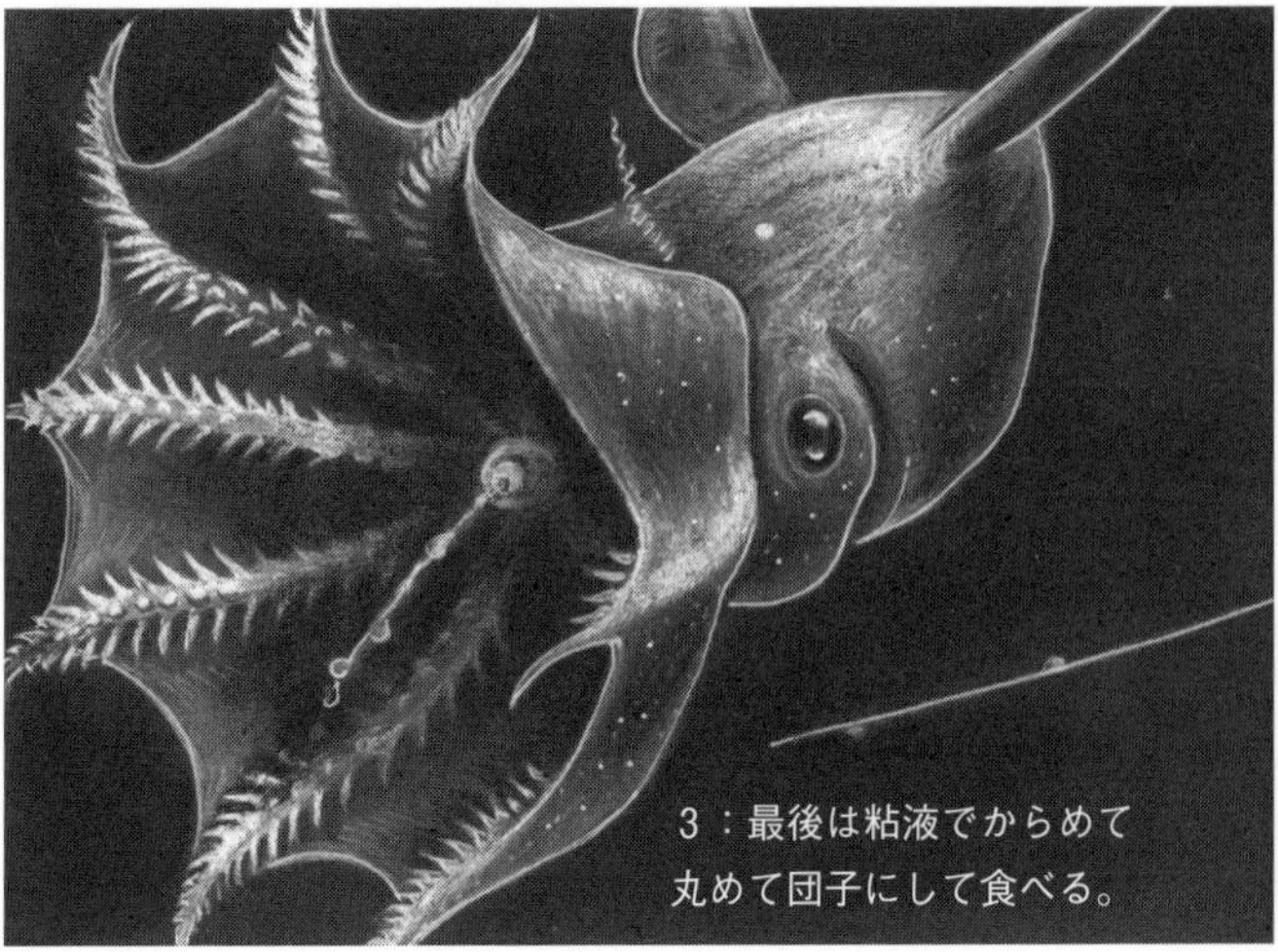
3：最後は粘液でからめて
丸めて団子にして食べる。

この糸（フィラメント）は背中側から数えて1本目と2本目の腕の間に生えている。コイルのように巻いて縮めることもできるし、そのまま糸のように伸ばすこともできる。つまるところフィラメントとは見た目そのままの命名だ。生えている位置から考えて、フィラメントは、もともとは腕であったらしい。実際、子供時代のフィラメントはもっと太くて、もっと腕っぽい。

コウモリダコはフィラメントを大抵の場合、片方だけ伸ばして、片方は縮めて過ごす。そして舞い落ちるマリンスノーがフィラメントにくっつくと、フィラメントを縮めてマリンスノーを引き寄せる。そしてコウモリダコは腕の吸盤から粘液を出す。フ

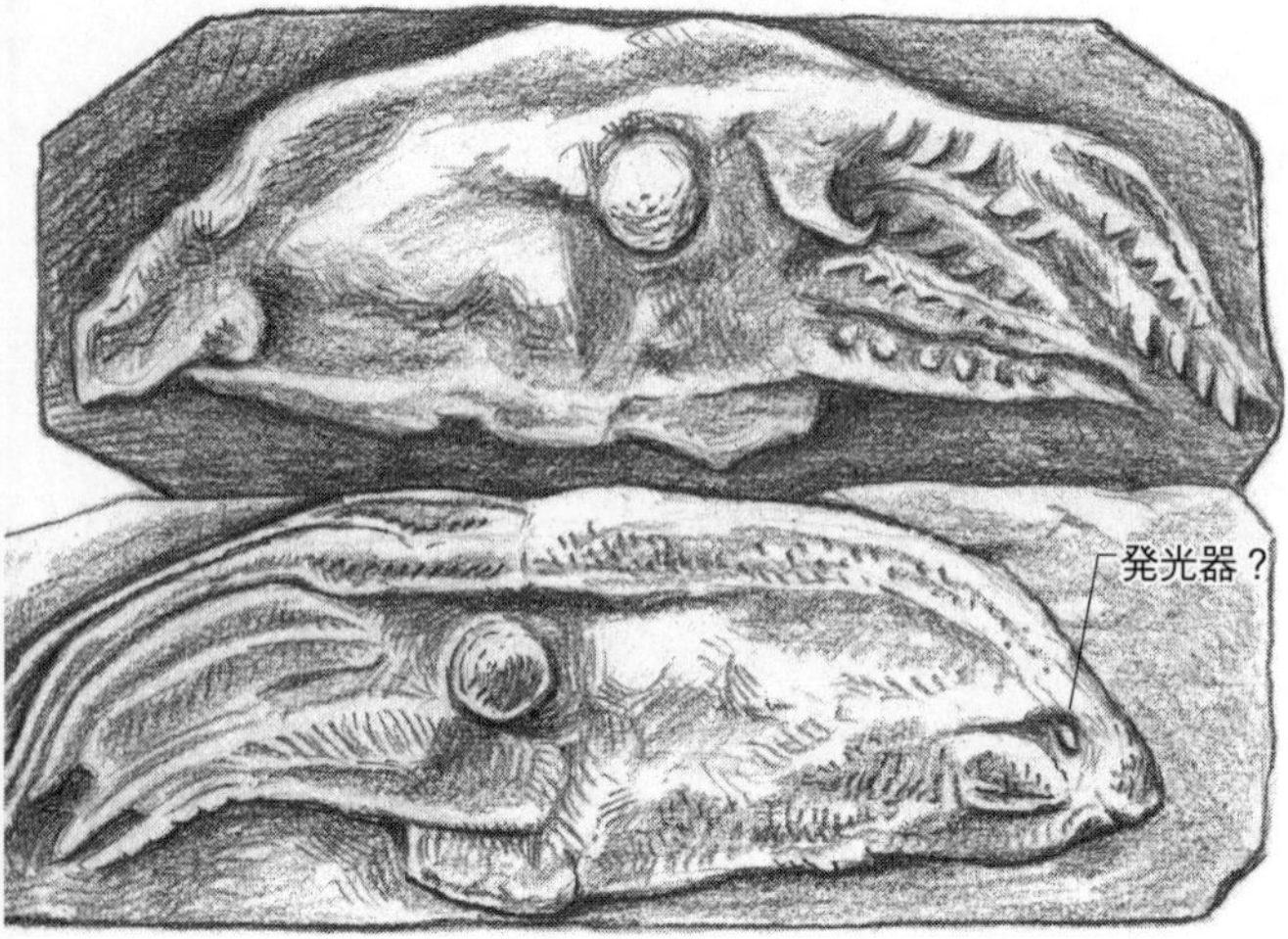

ィラメントからマリンスノーをぬぐい取ると、この粘液でくるくる丸めて包み、小さな団子のようにしてから口に運んで食べるのだ。

暗い宇宙のような、広大な水の空間に浮かび、フィラメントを伸ばしては粉雪のように舞い散るマリンスノーが貼りつくのを待ち、そして食べる。人間でたとえればパン屑が舞い散る世界の中で、腕を伸ばし、指にパン屑がついたらそれを舐めとって食べるようなもの。酸欠の闇の中で動くわけにもいかず、じっとしながらこれを繰り返す。コウモリダコの生活とはこのようなものので、わびしいけれど、のんびりしたものでもある。

1億6600万年前のコウモリダコであるヴァンピロナッサの復元図（下）とその化石（右ページ）　大きさは7～10センチ。

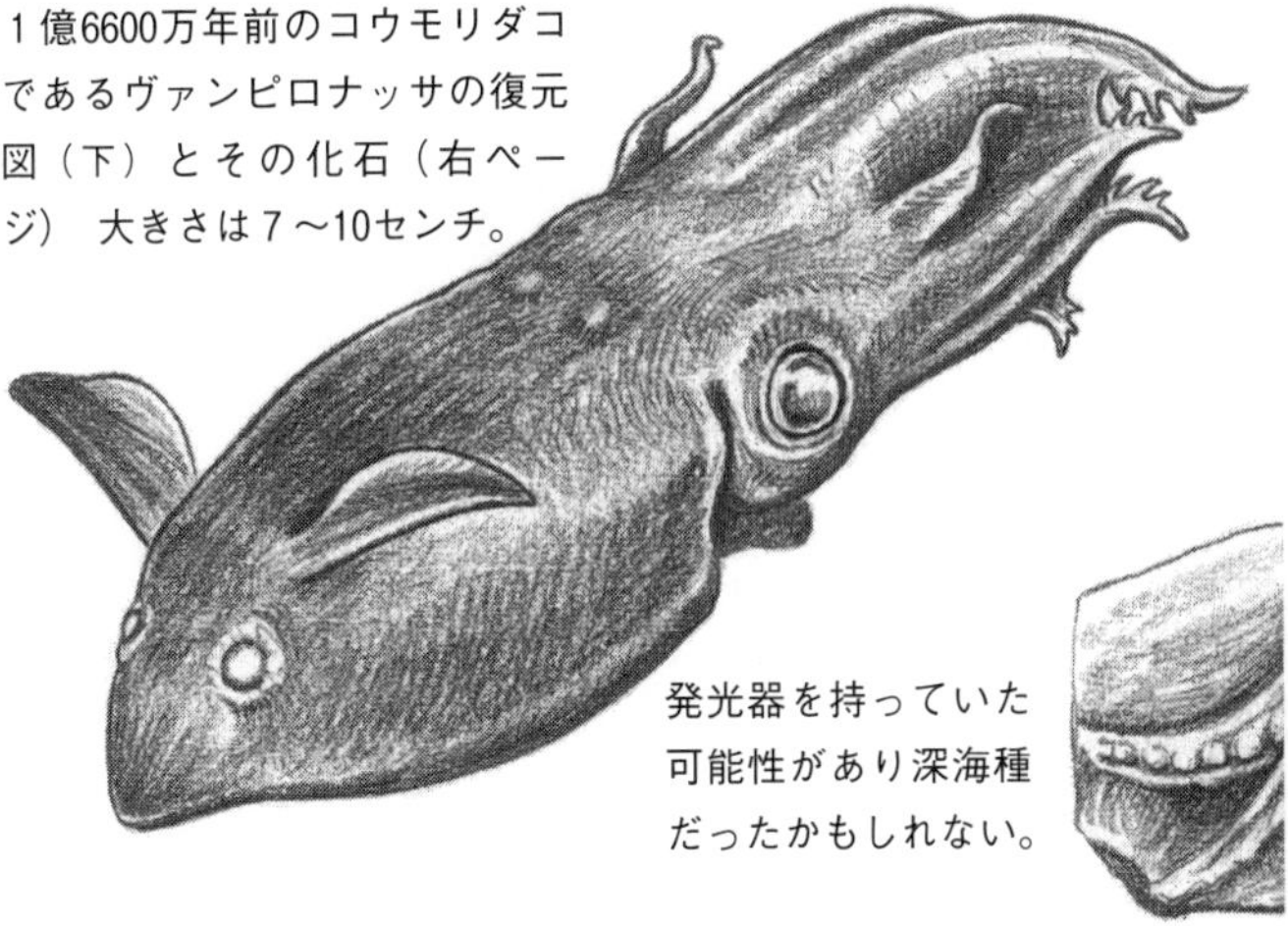

発光器を持っていた可能性があり深海種だったかもしれない。

†イカとタコの祖先

さて、生活の様子がわかった上で根本的な問いかけをしよう。コウモリダコはイカなのか？　それともタコなのか？　結論から言うとコウモリダコはタコそのものではない。しかしタコの系譜に所属する生き物ではある。証拠もある。まずコウモリダコもタコも腕は8本だ。それにコウモリダコの腕には肉質の突起がずらっとついている。これはキリ（cirri）と呼ばれる器官で、ラテン語のキルス（cirrus）に由来する。巻き毛とか縮れ毛の意味で、解剖学では毛のような突起を意味し、コウモリダコのキリは日本語で触毛《しょくもう》と訳されている。

触毛を持つことがタコの証拠と言われると、違和感を持つ人もいるだろう。タコの足に触毛などないではないかと。しかし深海のタコには触毛を持つものがいる。反対に触毛を持つイカはいない。かように、触毛を持つコウモリダコがタコの仲間であることは明白だった。その一方で、コウモリダコは足の名残であるフィラメントを2本残している。つまりコウモリダコは8本足ではあるが、完全な8本足ではない。だからコウモリダコはタコの仲間ではあるがタコそのものではない。そういうことになる。

コウモリダコの歴史は少なくとも1億6600万年前に遡る。この時代のフランスの地層から現在のコウモリダコそっくりの化石が見つかっている。つまりコウモリダコは1億6600万年の間、ほとんど形が変わっていない。だからおおむね生きた化石だと言っても良いだろう。そしてコウモリダコはタコの系譜の中では変わった進化を遂げた動物でもあった。タコは本来泳ぎが苦手な動物で、泳いで逃げることよりも海底の隙間に隠れて潜む方向へ進化した。しかるにコウモリダコは違う。他の仲間と違って泳ぐことを選び、そして海水中に泳ぎ出した。だが、結局は魚と戦うことはできずに酸欠の水深に逃げ込んだ。これがコウモリダコの歴史であったのだが……では具体的にそれはどのようなものであったのか？

最初のコウモリダコが出現した1億6600万年前とは恐竜時代の真っ盛り。当時の海ではアンモナイトが栄え、数は少ないがオウムガイがいて、さらにイカやタコの祖先たちが色々といて、そしてこのタコの祖先からコウモリダコが進化した。

先に、貝の中から貝殻を浮きにしたオウムガイの仲間が誕生したこと。彼らが一時は海の覇王になったこと、しかし機動力で負けて魚に敗北したこと。それはすでに述べた通りだ。

オウムガイたちは衰退し、魚の目が届きにくい深海の闇へ逃げ込んだ。その一方でまったく違う種族がオウムガイから進化する。それは貝殻を体内へ収納したものたちだった。貝殻を体内に収納することの利点はなんだろう？　体を水平にして泳ぎやすくなるという解釈もあるが、理由は今ひとつわからない。ともあれ、この貝殻収納組は2つの系統を生み出し、それぞれ軽量高速化と柔軟隠棲化という全く異なる進化を遂げることになる。その極限がイカであり、そしてタコであった。ただし、恐竜時代はまだそこまで進化は進んでいない。恐竜時代に繁栄したのはイカの系譜であるベレムナイト。そしてタコの系譜であるテウドプシスである。

恐竜時代に栄えたベレムナイトの貝殻と
その復元図

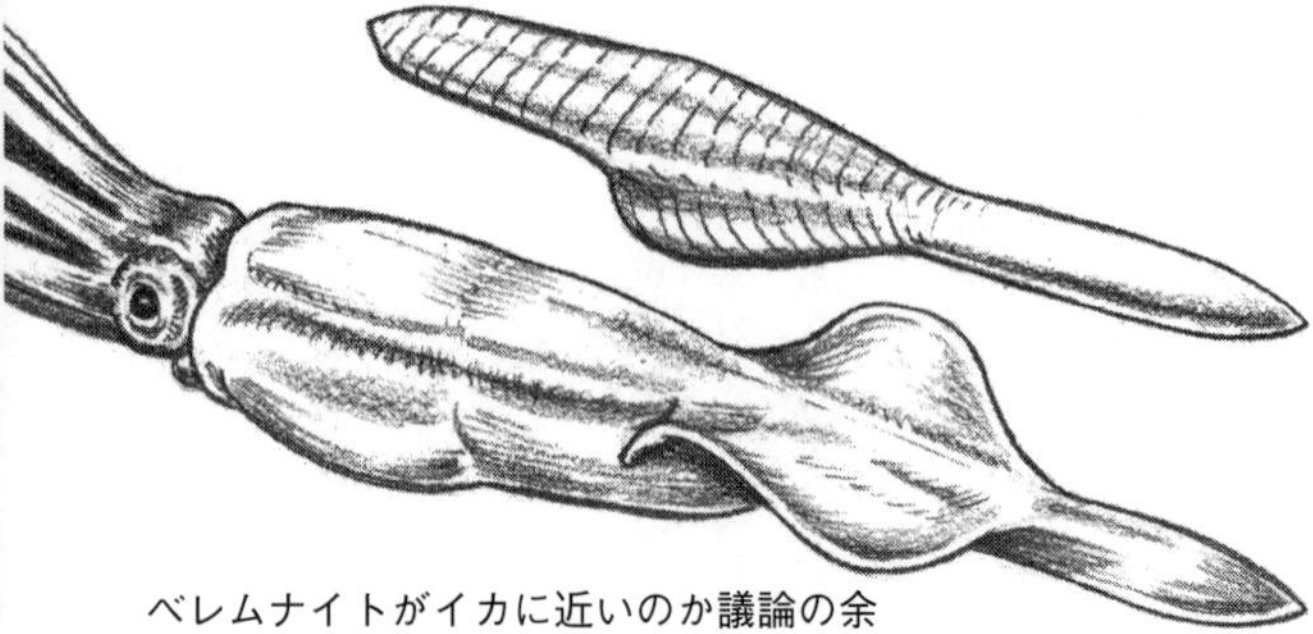

ベレムナイトがイカに近いのか議論の余
地があるが、見た目や高速遊泳の生態は
イカそのものだった。

†タコの系譜

恐竜時代に栄えたベレムナイトとは矢尻の石という意味。この命名は体内の貝殻に矢尻状の部分があることに由来する。日本語では矢石だ。ベレムナイトはイカの系譜であり、その姿形は現在のイカに似ていたし、泳ぎは速かっただろう。軽量高速化というイカの進化は、恐竜時代にかなり完成していたことがわかる。ただし、矢尻状の貝殻を抱えている分、ベレムナイトの体は今のイカより重かった。さらなる軽量高速化を達成するには、まだ進化の余地があったことがわかる。

このベレムナイトに並び立つもうひとつ

恐竜時代に栄えたテウドプシスの貝殻と復元図

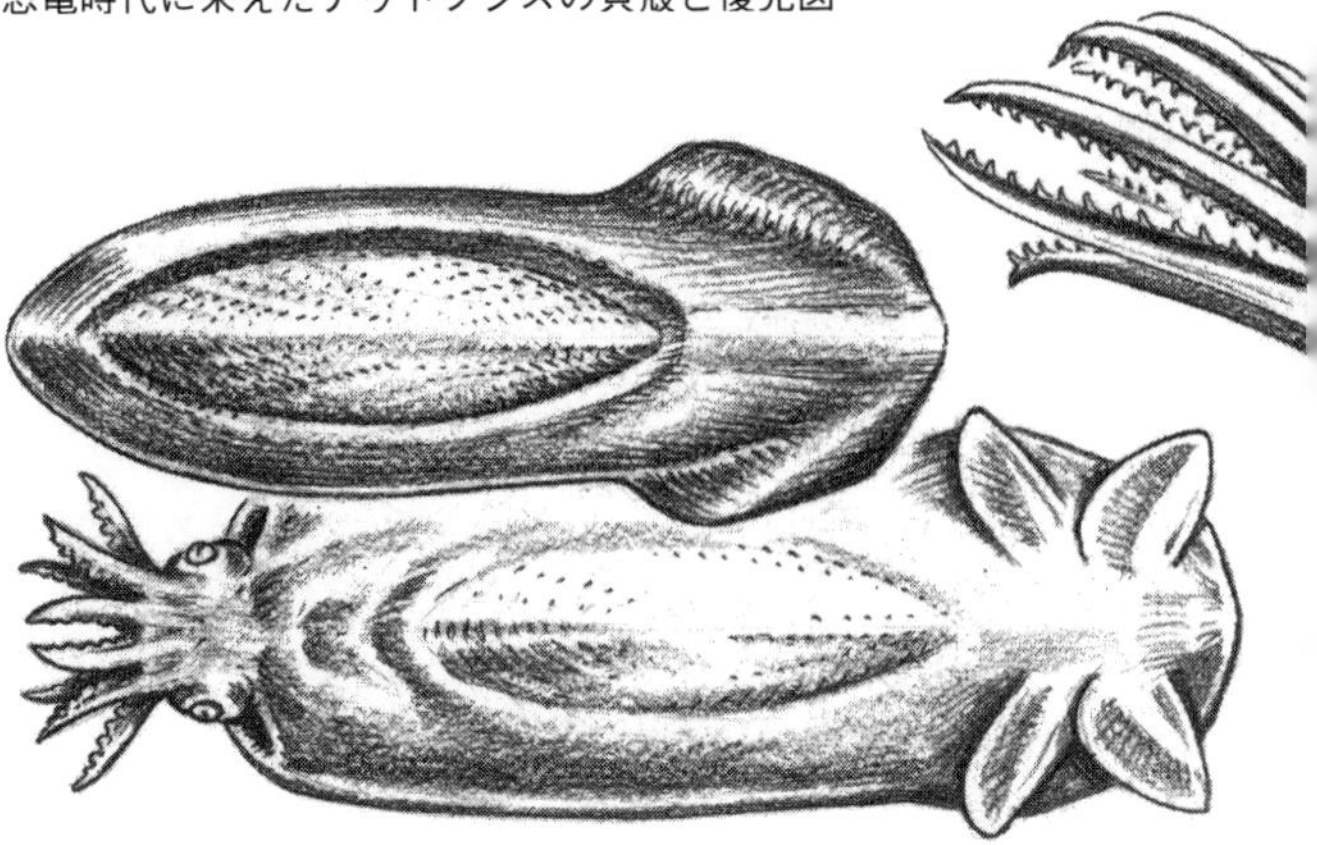

の系統。それがテウドプシスとその仲間であった。これが恐竜時代に栄えたタコの祖先たちであり、そして軽量高速化とは反対の進化を遂げた。そもそもテウドプシスたちは泳ぎが遅かったのである。遅いのでは隠れるしかない。テウドプシスの子孫であるタコが狭い場所に隠れる忍者のような生き物になったのは、泳ぎが遅いという必然の結果であった。

しかるにコウモリダコはタコの仲間でありながら、こういう進化から背を向けた。後で述べるがコウモリダコは普段はじっとしているくせに、いざとなると案外に速い。彼らはタコの仲間としては例外的に、高速遊泳を可能にする方向へ進んだのである。

まずタコたちの祖先の話をしよう。恐竜時代のテウドプシスたち。タコの祖先である彼らの名前は実のところイカを意味するギリシャ語テウチスに由来する。イカを意味するテウチスに、似ているを意味するオプシスをつけたもの。それがテウドプシスという名前であった。テウドプシスが死ぬと体は分解し、化石として貝殻が残る。その貝殻の形はイカの貝殻を思わせるものであった。要するにテウドプシスという名前は〝イカの貝殻に似た化石〟という意味合いになる。時たま見つかる体の化石を見てもそうだ。テウドプシスの体の輪郭はイカによく似ている。

ところがこれはあくまでもぱっと見の話で、よく調べるとまったく違う。まずテウドプシスは腕が8本であるし、腕には触毛が生えている。吸盤の形もタコだ。もしイカなら、その吸盤には柄がついている。イカの足に触ると吸盤がふにゃふにゃ動くが、それは吸盤の付け根が細くて吸盤が自在に動くからだ。タコの吸盤は腕に直についているから、こんなにふにゃふにゃしない。コウモリダコも吸盤は腕に直づきであるし、そしてテウドプシスも吸盤は腕に直づきだ。つまりイカのような見た目と裏腹に、テウドプシスたちは確かにタコの系譜なのである。そしてコウモリダコの親戚であることもわかりやすい。テウドプシスの貝殻はコウモリダコの貝殻に似ている。

タコの祖先でありながら、姿はイカのテウドプシスたち。私もテウドプシスの化石を見た時、へー？　コウイカって恐竜時代にもういたんだ、そう思ったものだ。そのぐらいテウドプシスたちはコウイカに似ている。多分、生活もコウイカに似て、海底付近を泳いで過ごしていたはずだ。ただし、コウイカより泳ぎが確実に下手だった。たとえばコウイカは頭巾の左右にずらりとひと続きのヒレがある。彼らはこれをゆらめかして前後に自由に泳ぐ。コウイカは泳ぎがうまく、物陰に隠れながら、触手を素早く伸ばして魚を捕まえる。なかなかのハンターだ。これに対して、テウドプシスもヒレを持つが、こちらは頭巾のてっぺんに2対《つい》4枚のヒレがあるだけで、しかも小さい。これではコウイカほどうまくは泳げまいし、速度もでないだろう。

ちなみにコウモリダコも子供時代は四枚のヒレを持っている。その見た目はテウドプシスそっくり。この有り様を見れば、コウモリダコは本当にテウドプシスたちから進化したのだと実感できる。

ただし進化の方向はまったく違っていた。テウドプシスたちは泳ぐことを諦めてタコになってしまう。これに対してコウモリダコは四枚の小さなヒレを持つ状態から、大きな二枚ビレに成長する。なるほどコウモリダコは酸欠の水深でじっとしているが、いざとなる

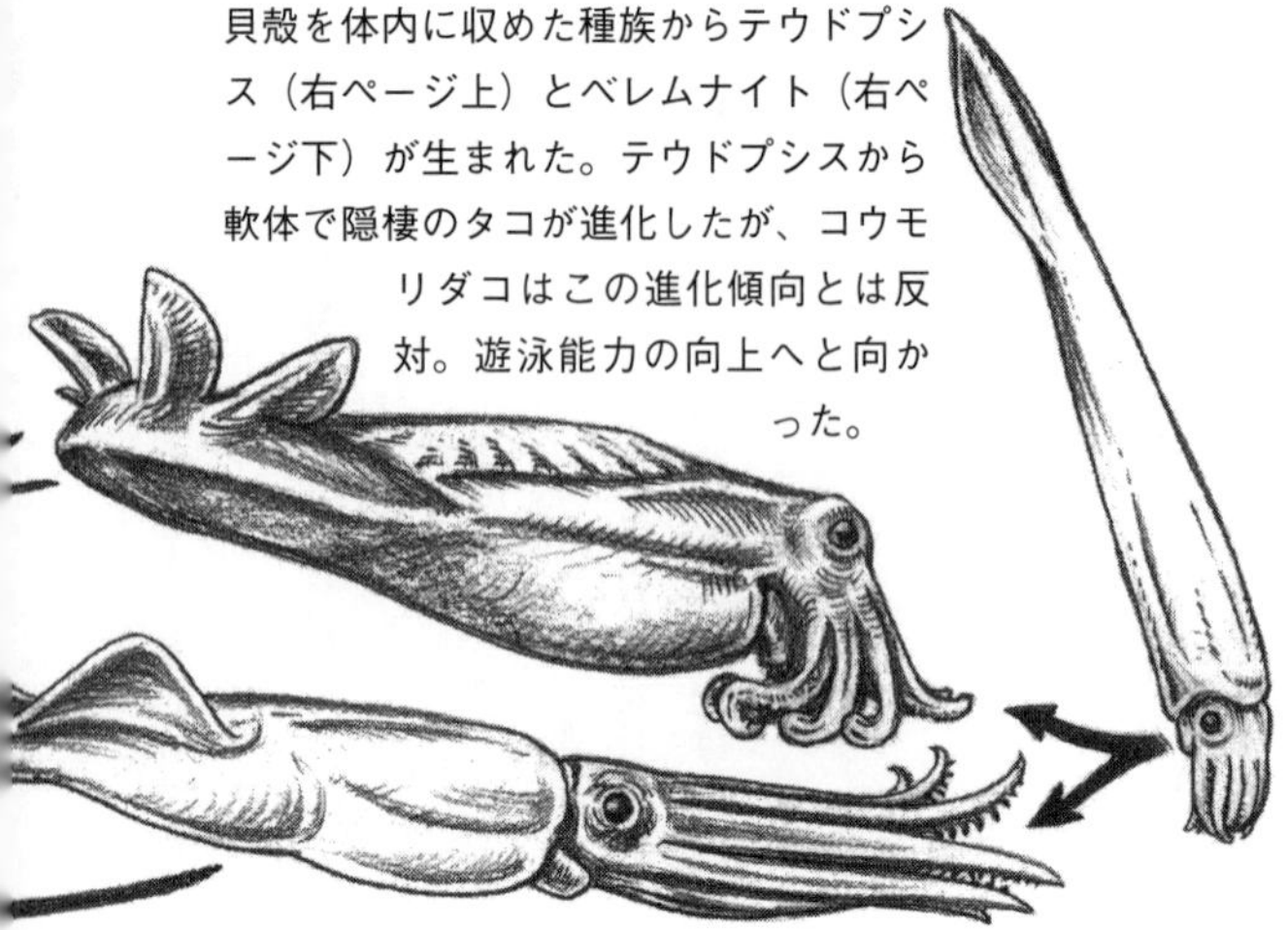

貝殻を体内に収めた種族からテウドプシス（右ページ上）とベレムナイト（右ページ下）が生まれた。テウドプシスから軟体で隠棲のタコが進化したが、コウモリダコはこの進化傾向とは反対。遊泳能力の向上へと向かった。

と速い。人間が探査機を近づけると、コウモリダコは二枚のヒレでぐいと水をかいて素早く泳ぎ去る。コウモリダコは泳ぎを諦めた仲間たちとはまったく違う方向、水中を生活場所に選び、そして大きなヒレで泳ぐという方向へ進化したことがわかるだろう。

†コウモリダコが絶滅を免れた理由

恐竜時代は、敵である魚が軽量高速化を実現し、さらには捕食能力をも向上させていった時代だった。敵が改良されれば、自分たちも改良を余儀なくされる。進化は生存競争の過程だ。競争の中で有利が生き残って蓄積し、そして不利が消えて、絶滅す

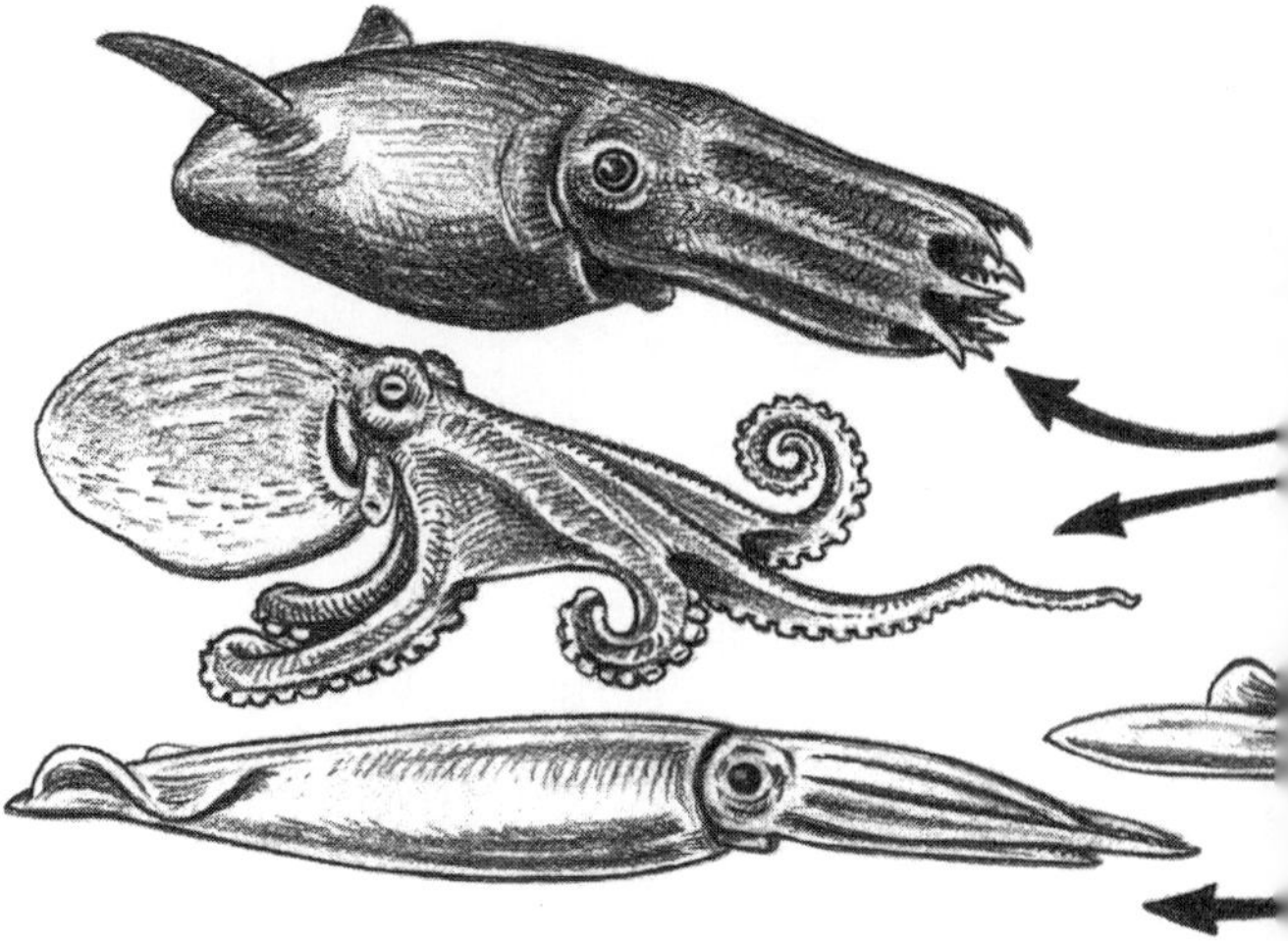

る。生き死にをかけた改良の過程。これが進化であり絶滅だ。恐竜時代に栄えたイカやタコの祖先たちは、この改良の過程でほとんどすべてが滅びた。重い貝殻を残していたベレムナイトは消え去った。生き延びたのはさらなる軽量化とさらなる高速化を達成したイカだ。

そしてタコの祖先たる、大きな貝殻を残していたテウドプシスたちも消え去った。泳ぎが下手なら隠れれば良い。しかるに体内に大きな貝殻を残していては、隠れ家の入り口で体がつっかえてしまうではないか。こうしてテウドプシスたちは絶滅した。その代わり、貝殻を徹底的に退化縮小させて、体の柔軟性を増し、ありとあらゆる隙間に入り込むタコが進化する。現在のイカとタコという二大グループが誕生し繁栄するようになったのはこういう理由であった。

しかしコウモリダコも生き残った。確かに、彼らの試みは基本的には失敗だった。魚に対抗して、大きなヒレで素早く泳ぐ。これがうまくいかなかったことは、コウモリダコが敵の少ない場所に潜んでいることを見てもわかる。ヒレで泳ぐやり方では魚の速度についていけなかったのだろう。だが結果的にコウモリダコはイカもタコも入り込めぬ、独自の立ち位置を確保した。

イカは水を吹き出すジェット推進で泳ぐが、この動作には外套を使う。外套、つまり体を包むマントであり、イカの場合は長い頭巾の部分。イカはこの頭巾をふくらませて水を吸い込み、頭巾を縮めて水を吐き出す。見ればわかるがイカの頭巾はイカの体の大部分を占める。つまりこの泳ぎは全身運動であって、当然、酸素消費が大きい。酸欠の世界でこんなことをしたらたちまち窒息してしまうだろう。この水深でのジェット推進は無謀であって、イカには不利であり、コウモリダコに有利だ。

そして普通のタコにもコウモリダコの真似はできない。タコは貝殻を失うと同時にヒレも失った。今のタコはイカと同様、ジェット推進でないと泳げない。それでいて貝殻を失ったのでタコの体には強度がない。もちろんだからこそ狭い隙間に入れるのだが、殻を失ったことで体を支える能力も失った。水中で速度を出すには、水の抵抗に屈服しない体の固さが必要だ、殻のないタコにはこれができない。ゆえに速度を出せない。我々がよく知るタコでは、コウモリダコな生活はやはり不可能だ。

コウモリダコの祖先が今の姿とほぼ同じ形を手に入れたのは恐竜時代であった。海底をのろのろ泳ぐテウドプシスたちを尻目に、コウモリダコは海の中へと泳いで行った。泳ぐ生活に合わせて貝殻は軽量化した。コウモリダコの貝殻はぺらぺらなのである。しかし貝殻自体の大きさはそのままだった。だからヒレと体を支える強度は残っている。素早く泳いでも、貝殻に支えられた体は水の抵抗に耐えられる。

仲間と違って海へ泳ぎ出そう！　コウモリダコがこの野心的な挑戦に挑んでから1億6600万年。海のニッチは、そのことごとくが進化した仲間たちに奪われていった。よくビジネスの世界ではニッチ産業という言葉が使われる。日本では隙間産業的な意味で使われるが、ニッチとは生物学の用語で、生物が自然界において占める立ち位置のことを意味する。魚という恐ろしいライバル企業の出現に、海にすむ他のすべての動物は対応を余儀なくされた。高速遊泳というニッチはイカが獲得し、これで魚に対抗した。狭い場所に隠れて魚から逃れるというニッチはタコが確保した。海に存在するニッチのことごとくが、進化した仲間たちに次々に押さえられていく、こうして原始的な種族は居場所を失い滅び去った。

それでもなお、コウモリダコには居場所があった。なるほど、高速移動しようという彼らの試み自体は失敗だった。これでは魚には勝てなかった。だが酸欠の水深という逃げ場所があった。餌は乏しく、マリンスノーしかないが、代謝を落とせば対応できる。敵がほとんどやってこないから、動かずにカロリーを節約できる。しかしいざ危険が迫れば大きなヒレで高速移動できる。この時、大量の酸素を必要とするジェット推進は使えない。しかしヒレのひとかきなら大丈夫。この動作にはヒレと筋肉を支える丈夫な貝殻が必要で、これをコウモリダコは残していた。だから対応できた。

進化したタコにこの芸当はできない。コウモリダコは自分の体の個性を生かし、彼ら独自のニッチを確保した。同業他社がいない会社は強い。こうしてコウモリダコは酸欠の水深で、1億6600万年を生き抜いてきたのである。

12　シーラカンス──ダーウィン進化論の神髄

†直訳すると空っぽのトゲ太郎

シーラカンスは誰でも知る魚であろう。古代の生き残り、生きた化石、そして水深数百メートルにすむ深海魚でもある。体長は1・5メートルから2メートル近く。分厚い鱗《うろこ》でその身を覆い、尾ビレが特徴的で上下対称のつくりになっている。この構造は独特で、シーラカンス以外の魚には見られない。シーラカンスは古代と深海のロマンを代表する存在であり、そして進化の不思議を見せつける魚でもあった。本のしめくくりに、この魚の物語を語ろう。

人間が最初に知ったシーラカンスは化石だった。大きさ11センチ程度の奇妙な魚の化石。これにシーラカンスの名前がつけられたのは1839年。今からほぼ200年前のことである。シーラカンスは *Coelacanthus* と書く。意味はギリシャ語で空っぽのトゲ。最初に見つかったシーラカンスの化石は、尾ビレの部分であった。シーラカンスは背骨の発達が悪いので、化石になると背骨が残らない。このため、尾ビレの化石の中には、背骨が抜けたことでできたトゲ状の空白部分が残る。この様子から *Coelacanthus*、すなわちコエラカントゥスと命名されたのである。

ここで疑問を抱く人もいるだろう。*Coelacanthus* はコエラカントゥスと読む。それじゃあシーラカンスって名前はなんだよ? 実のところシーラカンスとは英語読みだ。本来、生物の学名は、原語はギリシャ語で、さらにそれをラテン語化している。ラテン語は古来西欧の公用語であった。これゆえ政治文書も学名も本来はラテン語なのである。だから *Coelacanthus* もラテン語であり、ラテン語読みしてコエラカントゥスと読むのが正しい。

しかし英語圏の人は *Coelacanthus* をシーラカンスと読んだ。つまりシーラカンスとは英語訛りの読み方で、これが一般化したのである。Coela をシーラと読む。日本人には想像できない読みだが、英語圏の人はたとえばティラノサウルスをタイラノソーラスと読んだりする。英語訛りはラテン語本来の読みからはかなり逸脱していて、日本人の読みの方がむしろ正しいくらいだ。

さて、ラテン語は古代ローマ帝国の言語であり、学名とは名前である。そのローマにおける初代皇帝はアウグストゥスといった。名前の終わりがなんとかトゥスになっている。これはローマにおける男性名の特徴だ。日本だと男性名の末尾が太郎とかになるが、これと同じようなものだと思えばいい。コエラカントゥスの末尾がトゥスになっているのも理由は同じ。この名がローマの男性名だから名前の語尾がトゥスになる。この知見を踏まえてコエラカントゥスを日本の名前風に訳せば、空っぽトゲ太郎と言ったところだろうか。

†世界中でぞくぞく発見

最初に見つかったシーラカンスの化石はおよそ3億5000万年前のものだが、彼らの歴史はもう少し遡る。この魚の一族で最も古いものは3億8000万年前のものだ。ただし、最初のシーラカンスは尾ビレの形が今とは少し違う。尾ビレが上下対称ではないのである。しかしそれから3000万年後には種族としての形が確立した。それからのシーラカンスは何億年も原則的に形が変わらなかった。大繁栄したわけでもないが、そこそこの成功を収めて、それから徐々に数を減らし、8000万年前の化石を最後に姿を消した。恐竜時代が終わったのは6500万年前。つまり、シーラカンスが姿を消したのは恐竜時代が終わる少し前であった。これゆえ、シーラカンスは恐竜とともに滅亡したのだろう。そう考えられていた。

この当たり前の見解が覆されたのは1938年のことである。南アフリカにあるイースト・ロンドン博物館、ここに務めていたラティマー女史が漁師の捕まえた魚たちの中に、おかしなものがいることに気がついた。どう見ても形が普通ではない。そこでこれを魚類の専門家に送った。そしてわかったのは、この魚は化石でのみ知られていたシーラカンスであり、その生きた実物であるということだった。

恐竜時代に滅びたはずの魚が生きた状態で見つかった。この驚きに世界は沸き立った。こうしてシーラカンスは何よりも有名な魚となり、生きた化石の代表となったのである。最初に見つかったシーラカンスは南アフリカ沿岸のものだったが、その後、アフリカの沖合、コモロ諸島の深海にいることが明らかとなった。最初に見つかったシーラカンスはコモロ諸島から迷い出たものだったのだろう。当時はそう考えられた。

それから60年の間、コモロ諸島がシーラカンス唯一の生息地だと思われていたのだが、1998年に思わぬ発見がある。インドネシアを新婚旅行中のエルドマン夫妻が、現地の市場にシーラカンスがいることに気がついたのだった。夫妻は海洋生物の研究者であり、そしてこの時、最初に気づいたのは妻の方であった。シーラカンスは2回とも女性に発見されたことになる。シーラカンスはインドネシアにもいた。さらに最近ではアフリカ南部の沿岸にもいることがわかっている。南アフリカからモザンビーク、ケニアまで。海底の洞窟に群れですむ。分布は途切れ途切れだが、思ったよりも広くすんでいた。かつて南アフリカで見つかったシーラカンスも、迷子ではなく現地にいたものだったのだろう。

さて、これがシーラカンス発見の歴史だが、彼らの不思議さはこの先にある。シーラカンスはそのデザイン確立後、3億5000万年姿が変わらなかった。進化とは変化するものが生き残る過程だ。にもかかわらずシーラカンスは進化しないまま3億5000万年を生き延びた。これは一体どういうことだろうか？　シーラカンスと、その進化の不思議には皆が首をかしげるだろう。今度はその謎を見ていこう。

†進化の原則は自然選択

さて、進化とは変化するものが生き残る過程である……と今しがた書いておいて恐縮だが、実のところこれは間違った考えである。だが多くの日本人がこの間違いを信じているだろう。なぜならかなりの日本人が、進化論を提唱したダーウィンは、

「強いものが生き残るのではない。生き残るのは変化するものだ」

このように言ったと信じ込んでいるからだ。しかし信じる皆さんには大変に残念なお知らせだが、ダーウィンはこんなことを言っていない。そもそもこの言葉、もともとは日本の小泉純一郎首相が平成13年（西暦2001年）の9月27日、第153回国会における所信表明演説で述べたものだからである。もちろん首相が嘘をついたわけではない。なぜなら首相は、

「ダーウィンは生き残るものは変化に対応できるものだという考えを示したと言われています」

と、わざわざ断りを述べたからである。言われています、要するにこれはダーウィンの理論を私はこのように解釈しましたよ、という注意喚起の表明だ。だから嘘ではない。個人の意見を嘘と言う人はいないだろう。しかし、人々はこの断りをまるっと無視した。そしてダーウィンが本当にそう言ったのだと勝手に解釈した。このようにして日本では、生き残るのは変化するもの、という勘違いが誕生したわけだ。しかし、英語圏でも、

It is not the strongest of the Species that Survives but the most adaptable.

（生き残るのは最も強いものではなく、その種の中で最も適応できるものである）

というたぐいの文章が広がっているので、首相の所信表明演説も、もしかしたら起源を遡れば英語圏の勘違いが元であったのかもしれない。英語圏の勘違いは、アメリカの経済学者レオン・メギンソンが1963年に書いた文章が起源だとされる。ただし、メギンソンの文章が出所にしても、首相の所信表明演説に至るまでの伝言ゲームの過程で、内容が相当劣化している。なぜならメギンソンは次のように書いたからである。

「ダーウィンの種の起源によれば、最も知的なものが生き残るのではありませんし、最も強いものが生き残るのでもありません、生き残るのは彼らがすんでいるその環境の中で、その環境の変化に最もうまく適応できたもの、対応できたものなのです。」

メギンソンのこの表現は、ダーウィン理論を実はかなりうまく要約している。生物は無数の変異をその遺伝子に抱え込んでいる。この変異が進化の材料になる。そして自然はふるいとしての役割を果たす。変異のあるものはふるいから落ちて消える。つまり不利。反対にあるものはふるいにすくい上げられて生き残る。つまり有利。有利と不利が選ばれる。このような選抜の繰り返しで進化は起こる。だからダーウィンの理論は自然選択説と呼ばれるのだが、自然というふるいは人間の倫理や道徳や美学や、あるいは学力をまったく考慮してくれない。それはそうだ。自然は人間ではない。自然という選抜者は子孫を多く残せるか、残せないか？　それしか考慮しない。

たとえば高カロリーな食物がなくなった世界では、知能が低い方が有利だ。脳はあまりにもエネルギーを消費するからである。あるいは食料自体が少ないと体が小さく弱い方が有利だ。大きな筋肉ダルマでは餓死してしまうから。人間が知能の高い動物であるのは、現状、それがたまたま有利だからにすぎない。自然の基準が変われば、人類は知能を退化させて失うこともあるだろうし、小型化して無力な寄生生物にだってなるだろう。進化とはこういう無情なものである。

進化のこの原則を踏まえれば、メギンソンの文章がかなりまともな内容であることが理解できるだろう。しかし伝言ゲームの過程でその内容は相当に劣化した。まず、種の起源によれば、という部分が、ダーウィンその人が言ったことになった。さらに、環境の変化に最もうまく適応できたもの、という結果論な表現が、変化するものは生き残る、になった。この変質は英文から日本語文になった時か、その少し前に起きたように思われる。ささいな違いに思えるが、意味はまるで違う。結果的に生き残れたもの、という文章が、変化さえすればあなたは生き残れますよに変わった。これでは意味が正反対ではないか。そして致命的な間違いでもあった。シーラカンスは変化していないのに生き残っている。この事実ひとつだけでも、変化するものが生き残るという表現が間違いであること、明白だろう。

†利用される間違い進化論

それでも小泉首相の所信表明演説は、あくまでも解釈ですと、断りを申し述べていたのだから良心的であったが、一般人に流布する過程でこの部分さえなくなった。変化さえすれば生き残れるとダーウィンが言った、そういう断言に成り果ててしまっている。今では経営コンサルタントと称する人がこういうデマを得意げに語って社長にアドバイスしている有り様で、いやはやなんとまあ無様なことか。もっともかつては星占い師が国王に助言したように、リーダーにはこの手の無意味な神託が必要であって、これを無下に否定するのは野暮ではあるのだが。

そして、この件で一般大衆だけを酷評するのは不公平だろう。なぜかというに最近では言い出しっぺの自民党ですらこれを事実だと思い込んだ。憲法改正はダーウィンの言う、変化するものが生き残るという原則に合致する。こういう漫画を自民党は広報したからである。当然、このような広報に進化研究者は苦言を述べる。それはそうだ。ダーウィンはそんなことを言っていないのだから。いやそれだけではない。日本の進化研究者がこういうささいな出来事に強く怒るのには理由がある。それはかつてダーウィンを左派や右派が恣意的に利用して暴れ回ったせいだ。このことを研究者は覚えていて、ダーウィンの政治利用に強く反応する。ちなみにこのこと自体は多くの本で書かれているが、この詳しい経緯を説明した本はない。だから政治家先生方や一般人や経営コンサルタントの人々は、なぜ研究者がこれほど怒るのかわからず、困惑しているだろう。一般のサラリーマンからしてもそうだ。

そこでちょっと説明する。これは20世紀という人類史の恥部が原因であった。

かつてマルクス主義者は農産物の生産性は無限に向上するはずだと考えた。そうでないと彼らの主張するユートピアが実現しないからである。ましてや最初のマルクス主義国家ソヴィエト連邦（ロシア）は寒冷で厳しい環境であり、農産物の生産増加は国家の悲願。とはいえ、農業生産の無限向上など、物理的にありうるわけがない。しかるにマルクス主義者はこの無理筋をダーウィンの権威を利用して……正確には曲解、悪用することで正当化した。そして日本のマルクス主義者はダーウィンの名前を利用してまともな研究者たちを吊し上げた。お前たちのダーウィン理解は反マルクス的であり、資本主義の反革命分子だと。

あるいは反対に今西錦司という人は、日本には日本独自の進化論があると言って、ダーウィンとその研究者を糾弾した。日本独自の進化論？　なんと奇妙な言い様だろう？　それは日本でしか通用しない電気学があって、その理論に従わないと日本では電気製品が動かない。反対に、日本の電化製品は物理の違うアメリカでは動きませんと言っているようなもの。どう考えてもいかれた主張だが、日本独自のというあたりが一部の人に受けた。この今西錦司という人のやり口は、日本を旗印に稚拙な理屈を正当化するというやり方であり、最悪の意味でナショナリズムであったと言える。

いや、実際には違うだろう。そもそもマルクス主義であれナショナリズムであれ、そんなものは単なる言い訳。人の根本的な目的は自分の得にある。主義主張とは、所詮のところ口実でしかない。要するに今西錦司とその一派のやり口は、自らの稚拙な理論を日本で箔づけすること。卑金属に日本という金メッキを貼り付けて高く売る詐欺行為であった。まともでない理論で業績を上げたと主張して大学に居座るとはそういうことに他ならぬ。こうして彼らはまともな日本の生物学と進化学者を攻撃し続け、あるいはお前はダーウィン的であるという口実で非難し続けた。20世紀とはマルクス主義者や今西錦司たちがかように荒れ狂い、学問体系に巨大な傷を負わせた時代であり、知的に劣った下らぬ100年でもあった。

†政治と科学

現在日本の生物学者や進化学者たちは、こうした人々と戦って、ようやく現状を手に入れた。だから日本の科学者たちはダーウィンの政治利用を怒るのである。お前たちもあの贋金作りの一味なのか？　彼らの怒りは当然だろう。

しかしなお、疑問を抱く先生方やサラリーマン諸氏もいるであろう。なるほど研究者が怒る理由はわかった。でも何かこう腑に落ちないと。皆さんがこう思うのは、おそらく人間がずるを見抜く能力を持つせいだろう。実際、研究者の政治嫌悪にはもうひとつの隠された理由が、それも利己的な理由がある。たとえば次のことを考えてみよう。今、日本は経済が縮小して、研究費が減っている。だから研究者は研究費を減らさないでくれと言う。しかし研究者は、経済を活性化させようとは一言も、断固として、絶対に言わなかった。人はずるを見抜く能力を進化的に持っており、ここに皆さんが不信感を抱く理由がある。なぜ血税を使いながら研究者は断固として納税者にお返しをしようとしないのか？　理由は単純。それが研究者にとって有利だからである。

人は無意識のうちに自分に利益が出る選択肢を選ぶ。研究者は経済の縮小を放置するのだから、それはつまり研究者にとっては経済がダメになるほど利益が出るということ。その利益とは資産価値の向上だろう。経済が悪くなると賃金は下がり、物価も下がる。しかし、大学教授などで給料が保証されていると、物価安の中で給料そのままだから、資産価値が上昇する。要するに研究者からすると社会不安を煽り、不景気になればなるほど利益が出る。皆さんは人間なら誰でも景気が良い方を好むと思うだろうが、事実は違う。人間の中には不景気になればなるほど有利になる人たちがいて、この手の人たちは景気を悪くしようとせっせと努力する。こういう人間の振る舞いは、最初の経済学者アダム・スミスが2世紀も前に指摘したことでもあった。

人間には景気派と不景気派という、相対立する二つの派閥が存在する。この単純な事実を念頭に入れるだけで、世の中の不思議がより理解できるようになるだろう。そして研究者は不景気派であり、国民の圧倒的多数と対立する。人はこういうずるを見抜くから、研究者に対して説明できない不信感を抱く。そういうことだ。

ではこの先はどうなるか？　私は自民党が正しいとか、研究者が正しいとか、そんなことに興味はない。雷がどこに落ちるのか予想する時に、正しいとか悪いとか考慮しない。それと同じで物事は機械的な仕組みで決まり、皆の利益のベクトルの総和が方向を決定する。そして日本では景気派の方が多い。だからまあ、未来はおおむね自民党やらサラリーマンの思い描く方向へ収束するだろう。そしてその結果は研究者にとってあまり良いものではない。なぜなら研究費が微増するから。微増する。良いことに思えるだろうか？　微増とは好景気の結果だ。だとすれば研究者の資産価値は減る。研究者たちは研究費の増加には言及せず、給料が減ったと不満だけ言い立てるだろう。人間とはこういうものであり、未来とはこういうものだ。

以上、政治と科学の対立を語り、政治にも分があることも示してきた。

†姿を変えない生物が進化理論の証拠

しかしそれでもなお判定は公平にしなければならぬ。なるほど、改革を掲げて、生き残るのは変化するものだと演説する。政治としてはこれで十分。だけれども科学の視点からするとやっぱりこの演説は正しくない。なぜならダーウィンはおよそ次のようなことを述べたからである。

生物は本来なら一定の姿を留めてはいられない。それにもかかわらず生きた化石のようにずっと姿を変えない生物がいる。これは私の進化理論の証拠であると。つまりダーウィンは、変化するものが生き残るという〝名言〟とは正反対のことを述べた。進化しないシーラカンスこそが進化の証拠である。これがダーウィンの主張の骨子であった。

一応、断っておくが、生きたシーラカンスが見つかったのは1938年。ダーウィンが亡くなったのは1882年。つまりシーラカンス発見の56年前に彼はこの世を去っている。だからシーラカンスに関してダーウィンがこんなことを直に言ったわけではない。だが、もし彼がシーラカンスを見たらやはり言うだろう。進化しないシーラカンスは進化の証拠だと。なぜなら生きた化石についてダーウィンは次のように書いているから。

「異なる種が同じ割合で進化することはないし、同じ程度で進化するわけでもない。カンブリア紀のシャミセンガイは現在のものとほとんど同じだが、他の軟体動物は大きな変化を遂げた。これらの事実は私の理論に一致するものである。」

この文章はダーウィンの『種の起源』第10章の3段落目に出てくる。ここで登場するシャミセンガイとは、これも生きた化石の代表で、5億年あまり形が変わっていない。シーラカンスよりさらに長い間、変化していない生き物だ。このように、生物の進化速度は種類によって違うし、生きた化石のように変化しないものもいる。そしてダーウィンは、これこそ私の進化理論の証拠である、と述べたのだった。

ちなみにここで引用したダーウィンの文章は要点だけを抜粋し、さらに説明箇所を中略しまくった要約であることをお断りしておこう。原文はアルファベット300文字ばかりあって、引用するにはちょっと煩雑で長すぎる。ダーウィンは慎重な人で、省略しても良いような物事まで詳細に解説する人であった。だから彼は非常に長い文章を書く。ダーウィンは、誰もが覚えられるような短い名言を下品に書いたり、雑にしゃべったりもしなかった。あなたがダーウィンの名言とか言うものを見たら、これを思い出して欲しい。私たちが覚えられるような単純な文章は、ダーウィンのものではない。

†生存競争と自然淘汰とは

それにしてもダーウィンの言うことは不思議な言葉ではないか。生きた化石、つまり変化しないものが変化の証拠とはどういうことか？　ダーウィンという人は非常にできた人で、彼の進化論の根底には、「生物は本来ならば一定の姿でいられない」という確かな理解があった。

進化をやめたと理解されることが多いシーラカンス。実際には歴史の初期に最適解に到達してしまい、以後、どんな進化を遂げても得点が下がってしまうので最初の最適解に戻ることを繰り返してきた。
手足をばたつかせるような動作で海底直上をゆったりと泳ぎ、獲物を探す。

ここは実感が難しい箇所でもある。大抵の人間は生物の種には変わらぬ本質があると考えている。だから人は、生物は変化しないもの、種は一定の本質と姿を保持するものと思い込む。だから人は、生物は一定の姿でいられないという指摘が理解できなくなるのだが、次のように考えれば良い。

生物は遺伝子が絶えずエラーを起こし、変異を次々に生み出している。だとすると私たちの遺伝子には大量の変異が蓄積していくはずだ。実際、調べてみると私たちの遺伝子は、有害、無害、致死的なものまで含めて、それはもうありとあらゆる変異が潜在化している。もしこの変異がただ蓄積するだけなら、私たちを含めて生物の姿は無秩序になってしまうだろう。つまり一定の姿ではいられず、形が崩壊するはず。ところが実際には生物は一定の姿をとどめている。ここまで考察を進めた時、初めてダーウィンの問いかけを理解できるようになる。

本来、生物は一定の姿ではいられないはずなのに、なぜ同じ姿を保っていられるのか？

この謎は品種改良を思い出せば理解できる。ダーウィンはそう考えた。私たちは様々な飼育品種を育てているが、これはある一定の型から外れた変異は除外し、型に沿った変異だけを選抜するという手法によって行われる。たとえばダックスフントであればこのような耳を持ち、このような毛並みであり、このような外観であること、そういう認定基準がある。そして、そうでない変異と個体は繁殖から除外される。こうしてダックスフントという犬種はその姿を維持されている。

つまり淘汰の基準。これが定まっているから、生物は形が崩壊しないで一定の姿を保っていられるのである。野生の動植物も同様だ。この毛皮でないと生き延びられない。この脚力でないと逃げられない。そういう基準があるから野生の動植物も一定の姿でいられる。もちろん、淘汰の基準はいつまでも同じではない。最初のウマは森にすむウサギのような動物だったし、最初の人間は草原で餌を探す猿だった。淘汰の基準は時代によって変わり、それに応じて生物は姿を変える。

しかし反対に、もし淘汰の基準が変わらなかったらどうなるか？　その場合、生物は形が変化しない。もっと正確に言うと、何度進化しても同じ姿に進化するようになる。変異の無秩序な蓄積で形が崩壊するでもなく、淘汰の基準が変わって違う姿になるでもない。ただひたすら同じ姿に進化し続けるようになる。だから進化しているのに進化していないように見えてしまう。

そして、生物の進化速度はそれぞれ違うはずであった。種類によって淘汰の基準は違うはずであり、淘汰が違うのであればそれぞれ違う速度で進化するはずだから。実際、生物の進化の速度は……より正確には形の変化の速度と言うべきだが、これは生物種によってまるで違う。人間は極めて速い方だし、シーラカンスは3億5000万年同じままだ。このような事実を見てダーウィンは、これは自説の進化理論の根幹、すなわち、生存競争と自然淘汰を支持する証拠だと喝破した。だからダーウィンは生きた化石は進化の証拠であると述べたのである。ダーウィンの思考は非常に深い。現在の科学者でも彼の理解の深みに到達した人はほとんどいない。

✝進化系シーラカンスの末路

以上の理解を踏まえて、改めて振り返ってみよう。生き残るのは変化するものだ、こんなことをダーウィンが言うはずがないこと、今や明白だろう。ダーウィンの理論はこういう発言を許す内容ではなかった。それにしても、ダーウィンの考えの通りだとしたら、シーラカンスは淘汰の基準が一定であるから同じ姿なだけで、形を変える能力は失っていないことになる。これは事実で、実のところシーラカンスは内部構造がちょこちょこ変わっている。外見の変化は許されていないが、中身の変化は可能なわけだ。そればかりではな

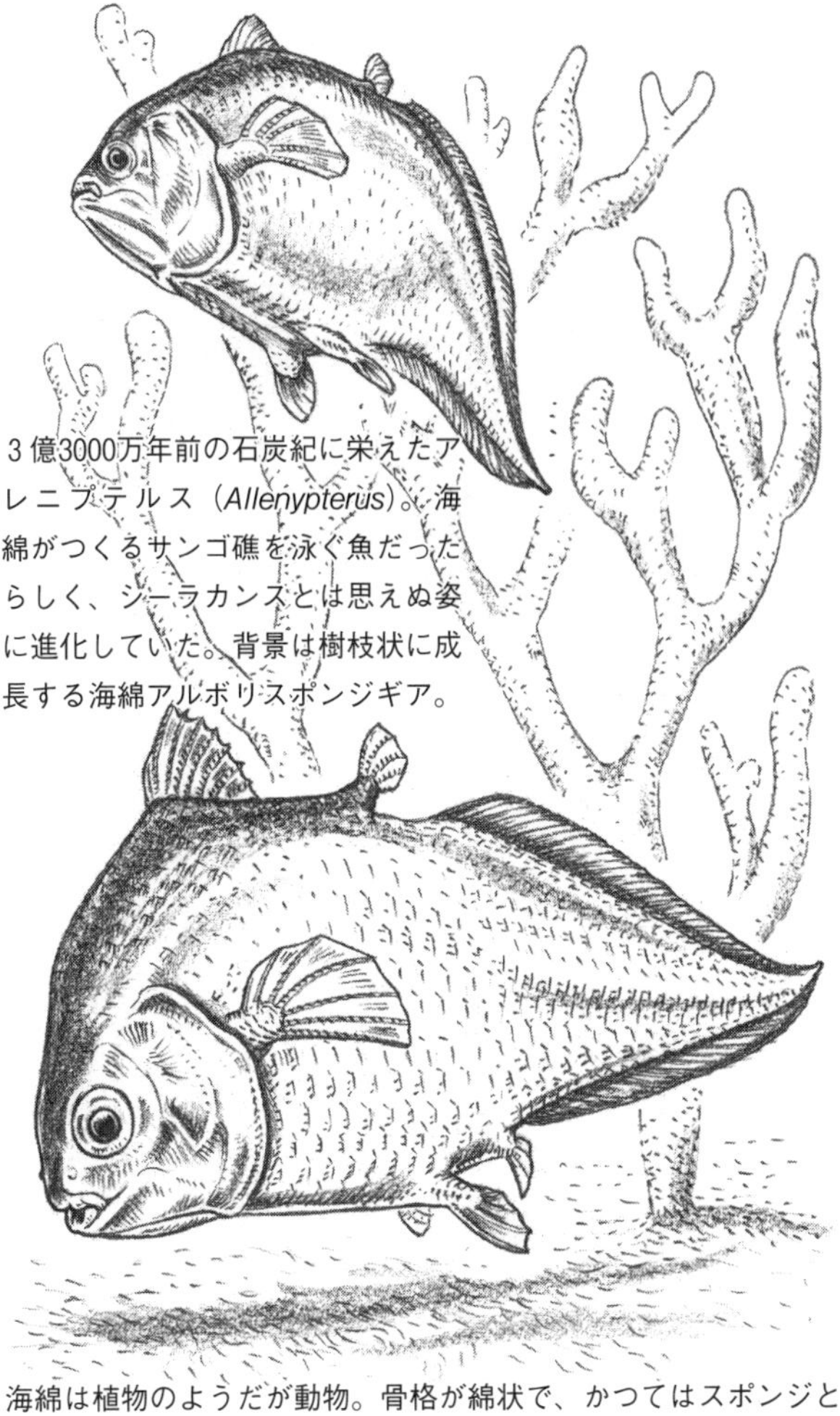

3億3000万年前の石炭紀に栄えたアレニプテルス（*Allenypterus*）。海綿がつくるサンゴ礁を泳ぐ魚だったらしく、シーラカンスとは思えぬ姿に進化していた。背景は樹枝状に成長する海綿アルボリスポンジギア。

海綿は植物のようだが動物。骨格が綿状で、かつてはスポンジとして使われた。そもそもスポンジとは、本来は海綿動物を指す言葉である。

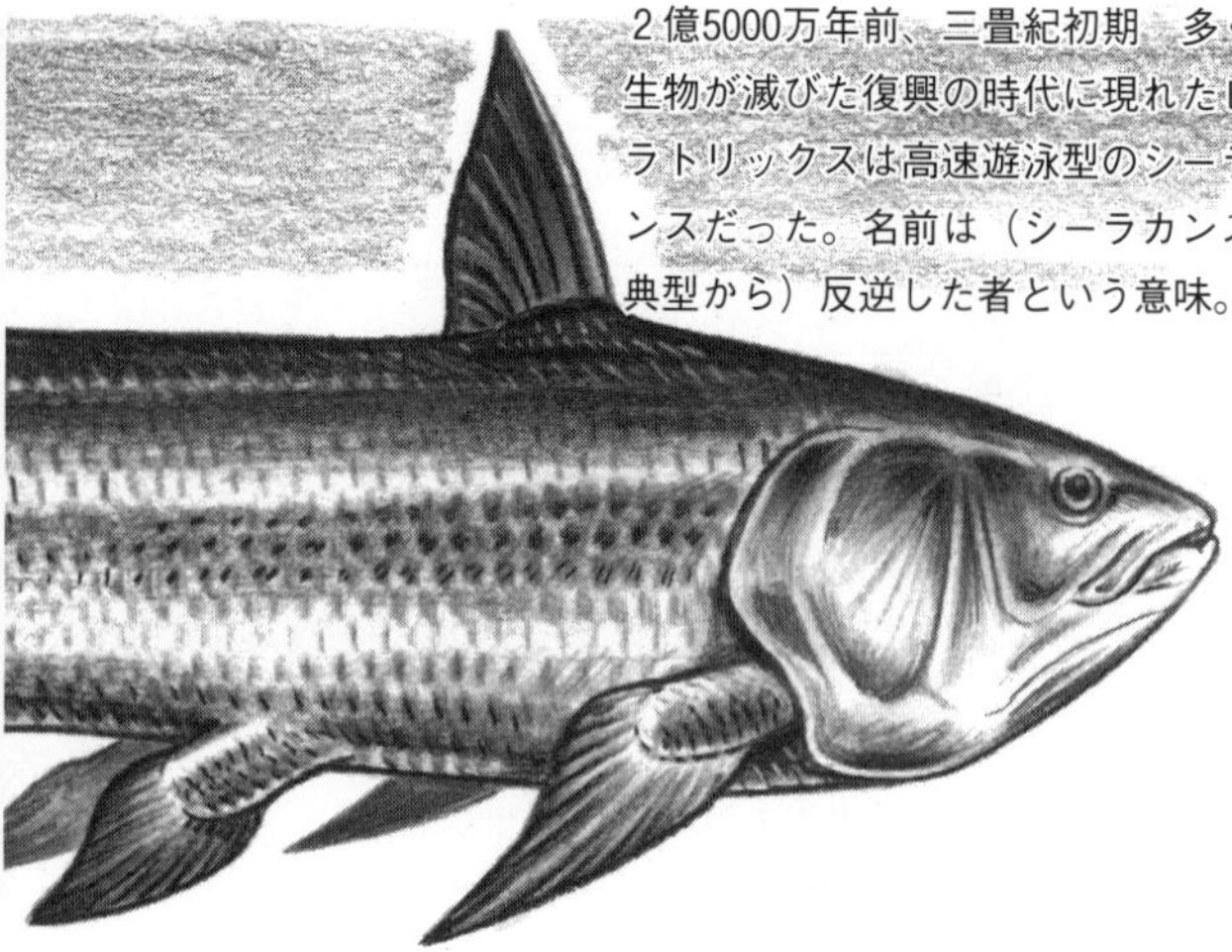

2億5000万年前、三畳紀初期　多くの生物が滅びた復興の時代に現れたレベラトリックスは高速遊泳型のシーラカンスだった。名前は（シーラカンスの典型から）反逆した者という意味。

い、実は歴史上、シーラカンスは何度か転職を試みたこともある。

　形が一定とは淘汰の基準が一定だということ。反対に淘汰の基準が変われば形が即座に変わる。シーラカンスも同様であった。淘汰の基準が変われば彼らもあっさりその姿を変えた。たとえば3億３０００万年前にいたアレニプテルス。これは体長13センチのシーラカンスである。当時のシーラカンスたちはどれも浅い海にいたが、アレニプテルスが特徴的なのは、体が縦長だったことだ。反対に同時代の他の仲間たちは、どれも体型がシーラカンスだった。アレニプテルスは当時でも変わり者だったのである。

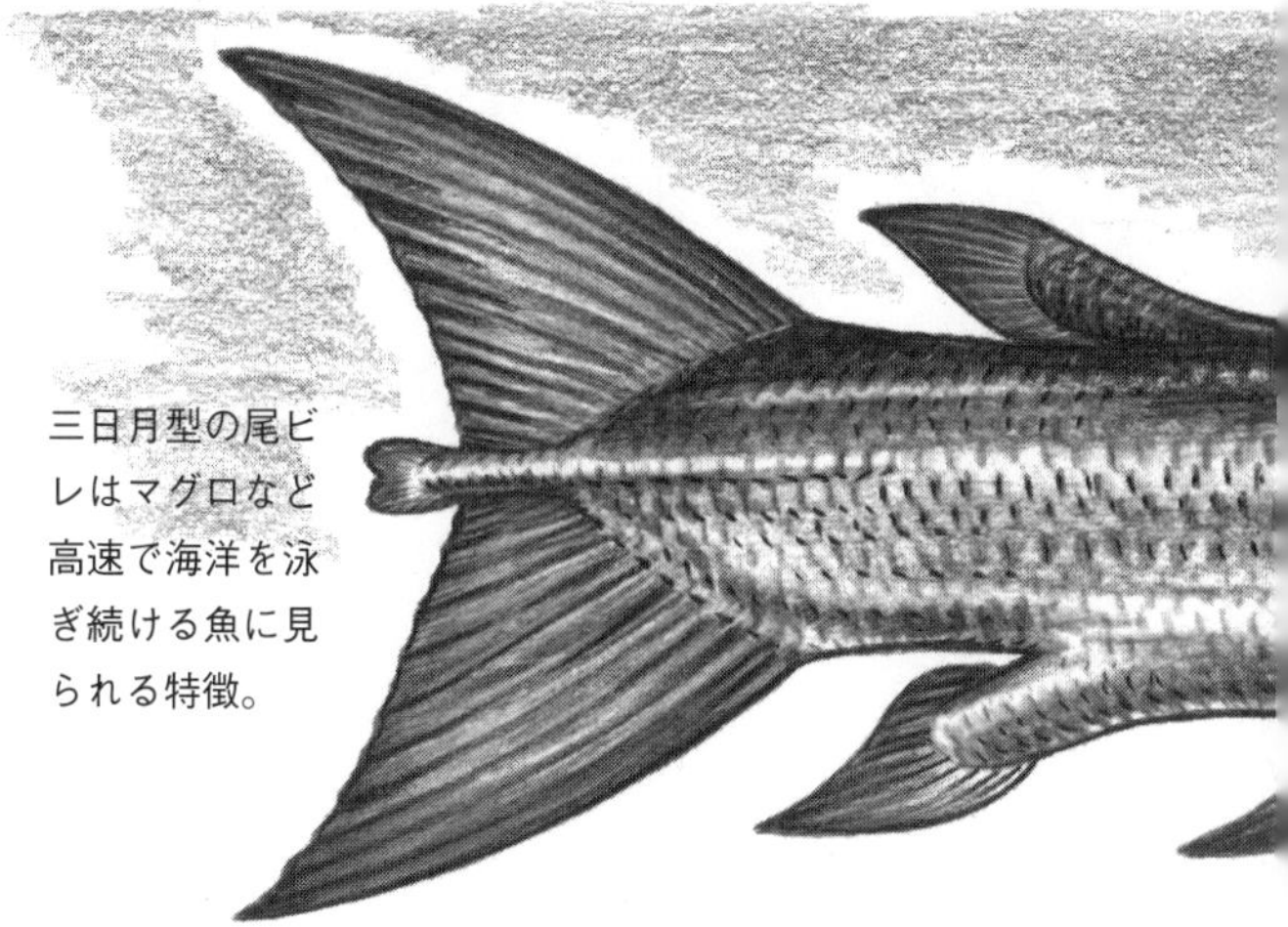

三日月型の尾ビレはマグロなど高速で海洋を泳ぎ続ける魚に見られる特徴。

体型から考えるに、変わり者アレニプテルスは現在の熱帯魚のような生活をしていたらしい。サンゴ礁のように、狭いごちゃごちゃしたところで暮らす魚は体型が縦長になる。だからアレニプテルスも狭い場所をすいすいと自在に泳ぐ生活をしていたのだろう。当時はサンゴが少なかったので、海綿の間を泳いでいたらしい。それと歯がひどく小さいので、小さなゴカイなどを食べていたようだ。

サンゴ礁（サンゴじゃなくて海綿のサンゴ礁だけど）の中を泳ぎ、ゴカイをついばむシーラカンス。現在のシーラカンスは頭を逆さにした姿勢でゆったりと泳ぎ回り、見つけたアナゴやサメを丸呑みにしている。

それと比べるとアレニプテルスの生活はまったく違うものであったことがわかるだろう。

この他にも転職を試みたシーラカンスがいる。２億５０００万年前にいたレベラトリックス。これは尾ビレがマグロを思わせる鋭い三日月型になっていた。おそらくマグロ同様、外洋を高速で泳ぎ回る生活を送っていたのだろう。ゆったりと泳ぐシーラカンス本来の生活とはまるで違っている。このレベラトリックスの体長は１・３メートル。彼らが栄えたのは地球が大破壊をこうむって、既存の生物のほとんどが滅びた直後。すなわち復興の時代であった。シーラカンスは他の種族たちが滅びる中、この大惨事を生き残ると、高速巡航する肉食生活へいち早く進出し、海の王者になろうとしたのである。

だが転職を試みたシーラカンスはすべて倒産してしまった。熱帯魚のアレニプテルスも高速巡航肉食魚のレベラトリックスも滅びた。そして生き残ったのはいつも昔通りのシーラカンスだけだったのである。

†生物淘汰の基準

シーラカンスの歴史は老舗の酒造メーカーにたとえることができるだろう。日本酒をつくる酒造には、江戸時代より続く歴史を誇るメーカーもある。そして古めかしい外見と裏腹に、内部は大きく変わっている。シーラカンスも外見こそ同じだが、骨格やらなにやら、あちこち変化している。酒造メーカーもそうだ。かつては完全手作りだった醸造工程は、いまやバイオテクノロジーと機械制御によるものへと変わっている。

高速巡航するレベラトリックスのような存在は、日本酒の酒造がウイスキーづくりに手を出したようなものと言うことができるだろう。大惨事でウイスキーの輸入が途絶えたので、日本酒の酒造が子会社をつくってウイスキーの醸造に進出した。最初は繁盛したが、やがて混乱が収まり、ウイスキーの輸入が再開されると、本場のウイスキー登場に子会社は倒産。結局残ったのは親会社だけ。シーラカンスの歴史とはこのようなものであった。何度転職を試みても、いくつ子会社をつくっても、どれだけ異業種に挑戦しても全部失敗、生き残るのはいつも本社だけ。どれだけやってもこの繰り返し。

しかしこれ、見方を変えれば3億5000万年に及ぶ不敗の歴史でもあった。そもそも生物を淘汰する基準は生存競争で決まる。ダーウィンは、生物はお互いに生存競争しているので、互いに圧力を加え合っていると述べた。言ってみれば狭い部屋の中で皆が風船をふくらませているようなものだ。狭い部屋の中で押し合う風船は、一見すると釣り合いが取れていて、平和な棲み分けができているように見える。しかし、これは見せかけの平和である。私たちの平和条約がそうであるように、平和とは軍事力の均衡だ。つまるところ平和とは戦争の一種でしかない。だからちょっとでも圧力を弱めるとたちまち周囲の風船に押しつぶされて負けてしまう。人間の会社でも少し具合が悪くなったら競合他社が進出してきて市場を取られてしまうだろう。同じことが生物にもいえる。

こうして生物は栄枯盛衰してきた。次々に新しい種族が生まれて、既存の圧力を押しのけて成長し、あるいは古い種族が生存競争の中で押しつぶされて消えて行った。しかるにシーラカンスは3億5000万年を生き延びた。なるほど、新しい市場への進出はすべて失敗した。しかし一方でシーラカンスたちは自陣への敵の侵入はすべてはじき返した。長い歴史の中で一度でも自陣への侵入を許していたら、彼らは敗北して周囲に押しつぶされ、絶滅していただろう。だがそうはならなかった。3億5000万年不敗の存在。それがシーラカンスなのである。

だが、不敗の存在といえども衰亡と無縁であったわけではない。かつてシーラカンスは川や湖、浅い海にいた。しかし徐々に数を減らし、恐竜時代の後半、8000万年前には深い海にのみすむようになった。そして現在のシーラカンスはアフリカの南部とインドネシアの深海だけに存在する。彼らの衰亡は明らかだった。

理由はわからない。企業ならば種族の衰退は赤字の累積だ。しかるに、倒産への道でも何千万年、何億年という時間の中で進むなら一年当たりにすればその赤字は限りなくゼロに近づく。累計1000億円の借金も、1億年の時間で見れば年間1000円の赤字にしかならず、こんな程度の赤字は誤差の中に埋もれて計測できない。つまりシーラカンスの赤字を測定することは事実上不可能で、衰亡の原因がわかるはずもない。

だが、次のことは言える。いずれシーラカンスは滅亡するだろう。その時、シーラカンスはその歴史上、最初で最後の敗北を迎える。これにどれだけの時間がかかるのか？　1000万年か？　1000万年か？　とはいえ、少なくとも私たちホモ・サピエンスの敗北よりは後だろう。私たち人類は進化の速度が異常に速かった。これは私たちの進化が生存の必然というよりは、むしろ不安定な要因で推進されたことを暗示している。私たちはいずれ、私たちを人間たらしめる知性を自ら、速やかに放棄するだろう。進化の推進力が不安定であるとはそういうことだ。

だからこうなる。シーラカンスが最初で最後の敗北を知るその時、私たち人類はこの地球上に存在していないのである。

ちくま新書
1566

ダイオウイカVS.《たい》マッコウクジラ
――図説《ずせつ》・深海《しんかい》の怪物《かいぶつ》たち

二〇二一年四月一〇日　第一刷発行

著　者　北村雄一（きたむら・ゆういち）
発行者　喜入冬子
発行所　株式会社　筑摩書房
東京都台東区蔵前二-五-三　郵便番号一一一-八七五五
電話番号〇三-五六八七-二六〇一（代表）
装幀者　間村俊一
印刷・製本　三松堂印刷　株式会社

ISBN978-4-480-07386-0 C0245

ちくま新書

1315
大人の恐竜図鑑
北村雄一
陸海空を制覇した恐竜の最新研究の成果と雄姿を再現。日本で発見された化石、ブロントサウルスの名前が消えた理由、ティラノサウルスはどれほど強かったか……。

1231
科学報道の真相
――ジャーナリズムとマスメディア共同体
瀬川至朗
なぜ科学ジャーナリズムで失敗が起こり、読者の不信感を引き起こすのか？　原発事故・ＳＴＡＰ細胞・地球温暖化など歴史的事例から、問題発生の構造を徹底検証。

1217
図説 科学史入門
橋本毅彦
天体、地質から生物、粒子へ。新たな発見、分類、一般に認知されるまで様々な人間模様を経て、科学は発展したのである。それらを美しい図像に基づいて一望する。

1157
身近な鳥の生活図鑑
三上修
愛らしいスズメ、情熱的な求愛をするハト、人間をも利用する賢いカラス……。町で見かける鳥たちの生活には、発見がたくさん。カラー口絵など図版を多数収録！

1137
たたかう植物
――仁義なき生存戦略
稲垣栄洋
じっと動かない植物の世界。しかしそこにあるのは穏やかな癒しなどではない！　昆虫と病原菌と人間の仁義なきバトルに大接近！　多様な生存戦略に迫る。

986
科学の限界
池内了
原発事故、地震予知の失敗は科学の限界を露呈した。科学に何が可能で、何をすべきなのか。科学者の倫理を問い直し「人間を大切にする科学」への回帰を提唱する。

970
遺伝子の不都合な真実
――すべての能力は遺伝である
安藤寿康
勉強ができるのは生まれつきなのか？　ＩＱ・人格・お金を稼ぐ力まで、「能力」の正体を徹底分析。行動遺伝学の最前線から、遺伝の隠された真実を明かす。